AF567234

Guido Tonelli

DIE ILLUSION DER MATERIE

Guido Tonelli

DIE ILLUSION DER MATERIE

Was die moderne Physik
über unsere Welt verrät

*Aus dem Italienischen
von Enrico Heinemann*

C.H.Beck

Titel der italienischen Originalausgabe: Materia. La magnifica illusione

Zuerst erschienen 2023 bei Giangiacomo Feltrinelli Editore, Mailand.

1. Auflage. 2024
2. Auflage. 2025

3. Auflage. 2026

Für die deutsche Ausgabe:

Wilhelmstraße 9, 80801 München, info@beck.de

www.chbeck.de
Umschlaggestaltung: Rothfos & Gabler, Hamburg
Umschlagabbildung: Visualisierung des Brout-Englert-Higgs-Felds © CERN;
Sternenhimmel © Foto von Ryan Klaus auf Unsplash
Satz: Janß GmbH, Pfungstadt
Druck und Bindung: Pustet, Regensburg
Printed in Germany
ISBN 978 3 406 82198 1

verantwortungsbewusst produziert
www.chbeck.de/nachhaltig
produktsicherheit.beck.de

Inhalt

Dem süßen Leon

Die Materie ist eine große Illusion.
Die Materie manifestiert sich nämlich in der Form,
und die Form ist ein Gespenst.

Jack London

Wir sind aus solchem Stoff wie der zu Träumen,
und dies kleine Leben umfasst
ein Schlaf.

William Shakespeare

Prolog

Posara, Toskana, 11. August 1945

Jetzt hatte er die Steigungen hinter sich. Blieb nur noch die abschüssige Strecke, die von Moncigoli ins Dorf hinabführte. Er konnte es kaum erwarten, allen die große Neuigkeit zu verkünden. Er und sein Schwager Attilio, der beste Mechaniker der Stadt, hatten eine Wohnung gefunden und sogar schon eine Miete vereinbart.

Sie lag im Zentrum von La Spezia, in einem Bürgerhaus an der Ecke zwischen dem Corso Cavour und der Via di Monale. Schön und ausreichend groß, bot sie zwei Familien Platz: neun Personen insgesamt und dazu das Baby, das seine Frau Anita erwartete. Irgendwie mussten alle in den drei Schlafzimmern unterkommen: Das Wohnzimmer würde als Schneideratelier dienen. Jetzt, da der Krieg zu Ende war, ging es wieder an die Arbeit. Wenn alles gut lief, würden sie bald einige Näherinnen einstellen müssen.

Auf der Fahrt ins Tal trat er nur leicht in die Pedale, und die Backenbremsen seiner robusten Atala, die ihn durch diese schwierigen Jahre getragen hatte, funktionierten absolut zuverlässig in jeder Kurve. Er war auf dem Rückweg nach Posara, dem Ortsteil von Fivizzano, in den sich die Familie zurückgezogen hatte, um den Krieg zu überleben. Die rund vierzig Kilometer von La Spezia, wohin er am frühen Morgen aufgebrochen war, hatte er zügig hinter sich gebracht. So oft, wie er die Strecke gefahren war, kannte er jede Biegung auswendig.

Dieses schwarze Fahrrad mit dem Kettenschutzblech, der Klingel mit dem Wappen im Druckguss und dem Dynamo, der Fahrten auch bei Dunkelheit ermöglichte, hatte entscheidend dazu beigetragen, die Familie wirtschaftlich über Wasser zu halten. In den umliegenden Dörfern musste immer wieder ein Bauer einen zerschlissenen Mantel umändern oder ein Loch in einem Jackett für eine Hochzeit stopfen lassen. Dann eilte er los und kam mit Eiern oder einer Flasche Milch zurück. Alle kannten den Schneider, der durch die Dörfer radelte.

Rasch dienten seine Fahrten auch als ideale Tarnung, um für die in der Gegend operierenden Partisaneneinheiten Kurierdienste zu leisten. Wenn er am Abend vor einer Übergabe einen Zettel überreicht bekam, musste er nur seinen Fahrradsattel abmontieren und die Nachricht tief ins Stützrohr hineinstopfen. Bei Gelegenheit las er die Mitteilung, verstand aber nichts: manchmal chiffrierte Sätze, die meldeten, dass Kolonnen von Nazis oder Faschisten aus Massa anrollten, um Razzien durchzuführen, oder nur Daten und Zahlen, also Koordinaten von bewaffneten Stützpunkten und Versorgungslinien der Alliierten für die Partisanen.

Der Schneider hatte Glück. Er wurde nie verraten oder entdeckt. Bei mehreren Gelegenheiten konnte er sogar seinen Bruder Giuseppe in die Arme schließen, der in einer Partisanenabteilung der Garibaldi-Brigade «Apuania» als politischer Kommissar diente. Giuseppe schenkte ihm eine Luger P08 mit Projektilen des Kalibers 9 Parabellum. Er hatte sie einem Wehrmachtssoldaten abgenommen, der in einem Feuergefecht umgekommen war. Der Schneider hasste Waffen: Als er nach Posara zurückradelte, verfolgte ihn die panische Angst, an der ersten Straßensperre von den Schwarzen Brigaden angehalten und erschossen zu werden. Aber alles lief glatt. Wieder zu Hause, suchte er für die Pistole ein sicheres Versteck. Er wickelte sie in einen ölverschmierten Lappen, ließ sie im Stall unter dem Fresstrog der Kühe verschwinden, wo das meiste Stroh lag, und rührte sie nie wieder an.

Nach Posara war er mit der gesamten Familie Anfang 1942 geflohen, nachdem klar geworden war, dass die Schneidergeschäfte endgültig zum Erliegen kamen. Im Krieg bestellte niemand mehr ein neues Kleidungsstück. In La Spezia war nichts Essbares mehr aufzutreiben, und falls doch, war es zu teuer. Er hatte fünf Mäuler zu stopfen und durfte kein Risiko eingehen. So verschlug es die Familie aufs Land, ins Heimatdorf seines Vaters, der wenige Jahre zuvor gestorben war, und wo seine Brüder mit ihren Familien noch lebten. Sie luden ein paar brauchbare Dinge aus dem Haushalt auf einen Karren und zogen los, um sich allesamt in einem hergerichteten Raum über dem Stall einzuquartieren: In dieser Art Schober brachten sie den wuchtigen Schneidertisch, ein mobiles Waschbecken und drei Betten für je zwei Personen unter. Ein Kaminofen in der Mitte diente zum Kochen und Aufwärmen. Um ihre Notdurft zu verrichten, gingen sie zu der kleinen Holzbaracke im Freien, in der Jauche zum Düngen des Gemüsegartens gesammelt wurde.

Das Bauernhaus war armselig, im Winter herrschten am Fuß des Apennins eisige Temperaturen, aber die Eichenwälder ums Dorf boten reichlich Brennholz. In höheren Lagen wurden im Herbst Kastanien gesammelt, um sie zu trocknen und zu Mehl zu verarbeiten. Was noch fehlte, lieferte das Vieh: drei Kühe und eine Schweinefamilie, Hasen und Hühner. Auf den Feldern und in den Gärten wuchsen Kartoffeln, Mais, Bohnen, Kohl und anderes Gemüse. In der Erntezeit kam viel Obst auf den Tisch. Alle hatten insgesamt ein hartes Leben, aber hungern musste niemand.

Ungefähr einmal im Monat kehrte der Schneider nach La Spezia zurück. Er holte die Lebensmittelkarten für die Familie ab und tauschte Erzeugnisse vom Land gegen Pakete mit Mehl oder Nudeln ein. Bei der Gelegenheit brachte er seiner Schwiegermutter Giulia einen Vorrat an Lebensmitteln vorbei. Durchsetzungsstark und stur, hatte Giulia nichts davon wissen wollen, mit der Familie nach Posara zu fliehen.

Alle Mühen, sie zu überreden, waren vergebens. Sie blieb allein in einem lichtlosen, tristen Keller in der Via Napoli zurück, überzeugt, dass einer alten Frau wie ihr eigentlich nichts Schlimmes widerfahren könne. Sie war seit vielen Jahren Witwe und hatte sich an ein völlig unabhängiges Leben gewöhnt. In ihren welken Gesichtszügen spiegelten sich noch letzte Reste ihrer einstigen

Schönheit. Immer lächelnd, verließ sie ihr Haus nur perfekt geschminkt. Vor der Ausgangssperre kehrte sie manchmal in Begleitung eines älteren Verehrers zurück. Giulia verzichtete lieber auf Essen als auf ihren Lippenstift.

Wenn ihr Schwiegersohn kam, war sie immer in Feierlaune, weil er Käse und frische Eier mitbrachte oder ihr sogar aus alten Leintüchern eine neue Bluse genäht hatte. Und er erzählte Neuigkeiten von Anita, Giuliano, Marisa und den anderen Kindern.

Nicht einmal der 19. April 1943, an dem über La Spezia die Hölle hereinbrach, brachte Giulia aus der Fassung. In diesen Tagen warfen britische Bomber – 173 Lancaster und 5 Halifax – mehr als 1300 Tonnen Sprengkörper ab, um die Marinebasis und die große Reparaturwerft für die Militärflotte zu zerstören. Stattdessen verwüsteten sie vor allem die Altstadt. Über einhundertzwanzig Menschen starben, und fast tausend wurden verletzt.

Getroffen wurde auch das Gebäude, in dem Giulia wohnte, aber sie kam auf wundersame Weise davon. Rettungsmannschaften bargen sie aus ihrem Keller, mitsamt einem alten Freund. Als die Sirenen losgeheult hatten, waren sie nicht zum Bunker gerannt. Viele Jahre später sollte Giulia gestehen, dass sie den Alarm nicht gehört hatten, weil ihr Freund mit einer Flasche Wein gekommen war, der letzten, die er in seinem Keller gefunden hatte, obwohl er doch gedacht hatte, alle seien längst weg …

All dies ging dem Schneider durch den Kopf, als er durch die letzten Kurven fuhr. Beim Gedanken an Giulias Extravaganz lächelte er in sich hinein. Dass die Familie jetzt in die Stadt, seine Stadt, zurückkehren würde, machte ihn glücklich. Anita und die Kinder würden es mit Freuden aufnehmen. Für alle begann ein neues Leben.

Die fünf Kriegsjahre waren entsetzlich gewesen. Vor allem in der Endphase hatten überall in der Gegend die blutrünstigen SS-Truppen Walter Reders und die Schwarzen Brigaden aus Massa Massaker verübt. Im Sommer 1944 hatten sie erst in Sant'Anna di Stazzema, dann in Vinca und in Dutzenden weiteren umliegenden Dörfern über achthundert Alte, Frauen und Kinder ermordet. Für seinen ältesten Sohn Giuliano war die Lage zu gefährlich geworden. An Weihnachten 1944 überquerte er in der Dunkelheit die Frontlinie und schloss sich den Amerikanern an.

Auch er, der Schneider, sollte zum Glück mit heiler Haut davonkommen, als ihn Soldaten der X. MAS-Flottille, einer Spezialeinheit der italienischen Marine, anhielten: Am 20. Januar war er auf dem Rückweg mit dem Fahrrad von einer Fahrt nach La Spezia, als er in eine mobile Straßensperre geriet. Partisanen der Aktionsgruppen GAP hatten in der Stadt eine Straßenbahn angegriffen, in der Offiziere und Milizionäre der X. MAS saßen. Mehrere wurden getötet und Dutzende verletzt. An den Ausgängen der Stadt wurden Sperren errichtet, um alle Männer zusammenzutreiben, die sich auf der Straße blicken ließen. Der Schneider wurde sofort festgenommen und sein Fahrrad beschlagnahmt. Mit einem Dutzend weiterer Verzweifelter wurde er in einen großen Raum hinter einer Kasematte geführt, die dem Posten als Stützpunkt diente. Blutjunge Milizionäre, die ständig herumbrüllten, behielten ihn mit dem Finger am Abzug ihrer Maschinenpistolen im Auge. Der Schneider war in Panik. Vielleicht würden sie ihn sofort oder erst nach Folterungen erschießen. Wenn es gut ginge, landete er in einem Gefängnis und würde nach Deutschland in ein Lager verschleppt. Er verzweifelte beim Gedanken, seine Familie nie wiederzusehen.

Nach Stunden bangen Wartens kam ein junger Offizier herein, rief kurzerhand seinen Namen auf und trieb ihn mit der Waffe nach draußen. Der Schneider stand schon zur Erschießung bereit, als er seinen Namen rufen hörte. «Wie denn? Kennst du mich nicht mehr? Ich bin's, Antenore, Nives' Son, dein Neffe.»

Die Familie des Schneiders waren Kommunisten und Regimegegner. Um einer Verhaftung zu entgehen, hatte sich einer seiner Brüder nach Frankreich abgesetzt: Er hatte während der ersten Aktionen der faschistischen italienischen Kampfbünde Widerstand geleistet. Die übrige Familie bestand aus Gewerkschaftlern, Handwerkern und Arbeitern, die verdeckt bei der Kommunistischen Partei und im Widerstand eingeschrieben waren. Einzige Ausnahme war der Sohn seiner Cousine Nives, ein Hitzkopf, aber ein hübscher Kerl, intelligent und zu Späßen aufgelegt. Er erinnerte sich noch gut an ihn, wie er als Kind mit seiner Mutter in die Schneiderei gekommen war, um einen Matrosenanzug genäht zu bekommen. Antenore hatte sich den Faschisten und der Republik von Salò freiwillig angeschlossen, in einer rebellischen Anwandlung oder vielleicht aus falsch verstandener Vaterlandsliebe. Die Familie hatte ihn aus dem Gedächtnis getilgt. Seitdem sie ihn in Uniform mit den Milizionären von Junio Valerio Borghese durch die Straßen ziehen gesehen hatten – sie waren für die blutigsten Vergeltungsakte an Partisanen verantwortlich –, wurde er totgeschwiegen. Und nun wollte es der Zufall, dass Antenore dieser Patrouille angehörte. Ehe er wusste, wie ihm geschah, wurde der Schneider von ihm im Schutz der hereingebrochenen Dunkelheit von der Kasematte weggeführt, auf sein Fahrrad gesetzt und zur abfallenden Straße geschoben. «Viel Glück, Onkel», rief er ihm warmherzig hinterher.

Der Schneider biegt in die letzte Kurve ein und hat das Gefühl, dass dies alles nun hinter ihm liegt. Er kann es kaum erwarten, seine Familie wiederzutreffen. Die ersten Häuser des Dorfs tauchen auf. Schluss mit den Tragödien. Schluss mit den Toten. Er will einfach nur noch feiern, die Treppen hochsteigen, Anita in die Arme schließen und sie vor den Kindern im Raum herumwirbeln …

Der Lastwagen, der nach Moncigoli hochfährt, hat Möbel geladen. Er ist als Einziger auf der Straße unterwegs. Der Fahrer ist ausgelassen. Mit einem Lied auf den Lippen schlägt er das Lenkrad ein, um die erste Kurve zu nehmen. Er ahnt nicht, dass der Radfahrer, der von oben her plötzlich auf der Straße auftaucht, einen Augenblick später unter seinen Rädern liegt und nicht mehr zu retten ist.

Der Schneider stirbt mit 44 Jahren. Sein tragisches Ende zeichnet seine ganze Familie für immer. Sofort macht in dem kleinen Tal die Nachricht vom Unglück die Runde. Der älteste Sohn läuft wie besessen zu der verfluchten Kurve, die nur wenige hundert Meter vom Dorf entfernt liegt. Am Unfallort kann er nichts mehr tun, als den leblosen Körper des Vaters mit dem entstellten Gesicht an sich zu drücken und seine Verzweiflung hinauszuschreien.

Mit einem Schlag waren alle Träume, alle Hoffnungen auf ein besseres Leben verflogen. Dem Sohn, noch keine zwanzig Jahre alt, blieb zur Bewältigung seiner Trauer keine Zeit. Er musste sich um die Familie, seine Mutter und die vier jüngeren Geschwister kümmern und um das Kind, das in wenigen Monaten zur Welt kommen würde.

Jahre vergingen, bis wieder ein Lächeln auf seinem Gesicht erschien – als er das Neugeborene in den Armen hielt, das seine Frau Lea soeben zur Welt gebracht hatte. Fünf Jahre lag das Unglück zurück, als Giuliano beschloss, dem Kleinen den Namen seines Vaters, des Schneiders, zu geben: Guido Tonelli.

1.

Die Mutter von allem

Dass im Begriff «Materie» das lateinische *mater* – «Mutter» – steckt, scheint auf deren Rolle als das Urelement zu verweisen, aus dem alles hervorgegangen ist. In Wahrheit zeigt seine Etymologie zahlreiche Facetten und gibt ihm eine Vielfalt an Bedeutungen.

Bei «Materie» denkt man vor allem an anorganisches Material, also an etwas Regloses und eher Festes. Hier tappt man in eine Falle: Wir bewerten Materie als etwas von uns Verschiedenes, weil wir als Menschen uns immer etwas überheblich als Wesen sehen, die aus einer ganz besonderen Substanz bestehen. Fast scheint es so, als betreffe uns die Frage der Materie nicht näher, als bestünden wir aus einem weitaus erhabeneren Stoff, der sogenannten belebten Materie.

Dieses jahrtausendealte Vorurteil ließ gewaltige Gedankengebäude entstehen, rief aber auch vermessene Anwandlungen hervor, die immer wieder zu Missverständnissen führten, die einen näheren Blick lohnen. Unser Körper, also die Materie, aus der wir bestehen, spielt in unserem Leben und unserer Weltanschauung eine alles entscheidende Rolle, auch wenn wir dies gerne übersehen oder es nicht wahrhaben wollen.

Ein Wort mit tiefen Wurzeln

Dem lateinischen *materia* entspricht der griechische Ausdruck ὕλη *(hyle),* der unter anderem auch «Holz» oder «Hölzernes» bedeutet. Er leitet sich aus der gleichen etymologischen Wurzel wie der lateinische Ausdruck *silva* für «Wald» her, der aber auch für «Materie» oder «Substanz» steht und zugleich mit dem rabbinischen *hiiuli* für «Urstoff» zusammenhängt.

Davon redet Giacomo Leopardi auf diffuse Weise in seinem Werk *Zibaldone,* einer Sammlung von Aphorismen zur Literatur und Philosophie. Dass *hyle* ursprünglich das Holz des Waldes bezeichnete, erinnert uns daran, dass dieser Rohstoff in frühen Gesellschaften das wichtigste Baumaterial war. Nach einer Bedeutungsverschiebung bezeichnete der Begriff eine gestaltlose Ursubstanz, aus der dank eines Ordnungsprinzips die Vielfalt der realen Welt hervorgeht. Diese weibliche Kennzeichnung blieb im Wort «Materie» als ein passives, formbares Element erhalten. In anderen romanischen Sprachen, so dem Spanischen oder Portugiesischen, blieb dieser «mütterliche» Aspekt in der Bezeichnung für Holz erhalten: *madera* beziehungsweise *madeira.*

Im Italienischen bezeichnet *madre* – wieder für «Mutter» – in der bäuerlichen Sprache auch den Wurzelstock oder den Baumstumpf, aus dem neue Sprosse hervorgehen, also einen pflanzlichen Schoß, der das neue, das biegbare und bearbeitbare Holz hervorbringt. Hier steht die Materie für das allergeschmeidigste und vielseitigste Material, das sich zu allen möglichen Zwecken verarbeiten lässt.

Diese enge Verbindung zur Zeugung klingt im Mythos des Hylas (in dem *hyle* steckt) an, des schönen Jünglings, in den Herakles sich unsterblich verliebt und den er zu seinem Gespielen macht. Beide begeben sich mit Jason und den Argonauten auf die Suche nach dem Goldenen Vlies. Auf einem Landgang wird Hylas losgeschickt, um Wasser aus einer Quelle zu schöpfen, und trifft dort auf die *Nymphe Dryope* und ihre Schwestern. Sie verlieben sich ebenfalls in ihn und entführen ihn in eine Unterwasserhöhle, aus der er nie wieder auftauchen wird.

Bei den weiblichen Naturgeistern, dem Wasser und der Grotte denken wir unweigerlich an das lebenspendende Prinzip, an den Bauch, in dessen Dunkelheit und Feuchtigkeit das embryonale Leben heranreift, behütet und genährt wird. Und so führt der Mythos den Begriff der Materie, der im Sprachgebrauch paradoxerweise deren leblosen, kalten und unbeseelten Bestandteil bezeichnet, wieder auf seine ursprüngliche Bedeutung des *Mütterlichen* zurück, der des ersten lebenden Materials, zu dem wir über Monate einen vielschichtigen Kontakt unterhielten: Der weibliche Körper hat uns geboren.

Der Rest der Geschichte ist einfacher: Das Holz steht mit seinem Namen für den ersten Urstoff, für die allgemeinste körperliche Substanz, die jede Masseverteilung im Raum auszeichnet. Aber mit dieser umfassenden Benennung, die ihr etwas greifbar Konkretes und Körperliches gibt, wird diese Substanz Gegenstand der Spekulation, einer philosophischen Beschäftigung, die sich durch die Menschheitsgeschichte zieht: Denn auch wir, die wir uns als bewusst denkende Wesen, als edle beseelte Materie begreifen, bestehen aus gewöhnlichem Material, und noch dazu aus einem besonders verletzlichen.

Weil wir Sapiens sind, eine besondere Art Menschenaffen, liegt der Fall bei uns noch komplizierter. Unser Sein als soziale Wesen beruht auf etwas Tieferem und Grundlegenderem als auf der schlichten Tatsache, dass wir in organisierten Gruppen leben. Vermittelt über Blicke und Sprache, über den Körperkontakt, über ein Geben und Nehmen von Nahrung, über Akte der Fürsorge und affektive Beziehungen, stehen wir mit anderen Mitgliedern der Gemeinschaft in einem Austausch, der als Prozess für das Heranreifen des Individuums grundlegend ist. Kurzum, erst der Blick und die Gefühle, die wir uns in der sozialen Gemeinschaft wechselseitig entgegenbringen, machen uns zu Menschen.

Das plastische und vielseitige Gehirn des Neugeborenen entwickelt sich in der Beziehung mit der Welt, vermittelt über die

Erwachsenen, die sich seiner annehmen, ausgehend vom Blick der nährenden Mutter. Das Kind, das in ihre Augen schaut, passt seine Synapsen aufgrund der Reaktionen an, die im Verlauf dieser Beziehung entstehen.

Der Antrieb, unsere Kinder zu ernähren und zu beschützen, ist biologischen Ursprungs, ein notwendiges Verhalten für den Fortbestand der Spezies. Wir gehören der Klasse der Säugetiere an, der die Evolution mit einer genialen Erfindung einen enormen Vorteil in der natürlichen Auslese beschert hat: Die weiblichen Individuen können ihren Nachwuchs mit Milch ernähren, im Fall von uns Menschen sogar über viele Jahre. Diesem Merkmal, das sich in urtümlichen Lebensformen vor ungefähr zweihundert Millionen Jahren herausgebildet hat, soll es zu verdanken gewesen sein, dass die Säugetiere den gesamten Planeten erobert haben. Tatsächlich haben sie rasant alle ökologischen Nischen besetzt, die mit dem Verschwinden der Dinosaurier frei wurden.

Entsprechendes gilt für die Hominiden, von denen wir abstammen. Dieses uranfängliche mütterliche Spenden von Nahrung an den Nachwuchs, der Austausch von Blicken in einem stummen Dialog, der von Beschützen und Dankbarkeit geprägt ist, bildet wohl die Grundlage jeder sozialen Bindung und einer Sprache, die sich in den kommenden Millionen Jahren weiterentwickeln wird. Das Staunen angesichts der aus der prallen Mutterbrust hervorquellenden Nahrung für alle – auch für Erwachsene der Sippe, wenn Mangel das Überleben der Gruppe gefährdete – spiegelt sich in den ersten künstlerischen Zeugnissen der Sapiens wider: Die Dutzenden prähistorischer Venus-Figuren, die bei Ausgrabungen zum Vorschein kamen, diese Muttergottheiten, die für die archetypische Fülle stehen, sind allesamt mit prallen Brüsten und eindrucksvollen Gesäßen dargestellt.

Aber der materielle Körper von uns allen, der eine so bedeutende Rolle dabei spielt, erste identitätsstiftende soziale Beziehungen aufzubauen, ist auch am anderen Ende der Existenz, im Augenblick des Todes, mit symbolischer Bedeutung aufgeladen.

Trauer- und Fürsorgerituale um die Toten

Nach einem Unglück, wie es die Familie meines Vaters erschütterte, durchlebt die gesamte kleine Gemeinschaft des Opfers wieder das allerälteste Trauma. Der Körper eines jungen Mannes, robust und voller Lebenskraft, erschlafft von einem Augenblick zum anderen zu einer leblosen Masse.

Die äußerste Zerbrechlichkeit des menschlichen Daseins hallt bereits in den Worten des Achilles wider, des bedeutendsten Helden der griechischen Antike, der so über das Leben spricht: «Nichts sind gegen das Leben die Schätze [...] Aber des Menschen Geist kehrt niemals, weder erbeutet, [n]och erlangt, [zurück,] nachdem er des Sterbenden Lippen entflohn ist.» Über das Schicksal aller Sterblichen entscheiden die drei Moiren, Töchter des Zeus und der Ananke, der Göttin der Notwendigkeit. Aus dem uranfänglichen Chaos mit Chronos, der Zeit, geboren, hält sie diesen zum Zeichen eines unauflöslichen Bandes wie eine Schlange umschlungen.

Wenn Atropos, die Unabwendbare, den von Klotho gesponnenen und von Lachesis bemessenen feinen Faden durchschneidet, ist das Schicksal besiegelt: Selbst der stärkste Held sackt wie eine Marionette zu Boden und bleibt als ein Häuflein verrenkter Glieder liegen. In den schrecklichen Gefechten, die unter den prachtvollen Mauern Ilions toben, verwandeln sich die kraftstrotzenden Körper der jungen Helden, die einen Augenblick zuvor noch unsterblich erschienen, in zerschmetterte Knochen, entstellte Gesichter, Blut und Eingeweide. Alle ihre Träume, Gefühle und Leidenschaften lösen sich in nichts auf.

Trotz der unglaublichen Fortschritte, die uns ein Leben bescheren, das deutlich länger und komfortabler ist als das unserer Vorfahren, begleitet uns nach Jahrtausenden immer noch das Bewusstsein unserer inhärenten Zerbrechlichkeit. Eine fatale Unaufmerksamkeit, ein winziges Virus, eine Gruppe von Zellen, die bei ihrer endlosen Replikation Amok laufen, oder ein jäh geplatztes

Blutäderchen genügen, damit wir auch heute noch das Trauma eines Todesfalls verarbeiten müssen. Jeden Tag hallt auf unseren Straßen oder auf den Intensivstationen der Krankenhäuser der verzweifelte Schrei meines Vaters Giuliano wider, als er den zerschmetterten Leichnam seines Vaters Guido, des Schneiders, an sich drückte: «Papa! Papa! Atme! Sag was! Verlass mich nicht!»

Um das Trauma des Verlusts zu lindern, entwickelten menschliche Gemeinschaften von Anbeginn an Trauer- und Bestattungsrituale: Sie erwiesen dem gemarterten Körper Achtung, wuschen ihn, balsamierten ihn mit duftenden Essenzen ein, bemalten ihn mit rotem Ocker, überschminkten seine entstellten Züge, schmückten ihn mit kostbaren Ornamenten, bekleideten ihn mit den Lieblingsgewändern, bedeckten das Gesicht mit einer Totenmaske aus Edelmetall oder gaben der oder dem Verstorbenen geliebtes Spielzeug, besonderen Schmuck, Insignien der Herrschaft oder bescheidene Werkzeuge aus dem Berufsleben mit. Und in monumentalen Grabstätten begleiteten Inschriften, Porträts, Wandfresken und gesungene Hymnen den Toten auf seiner Reise ins Jenseits.

Im Zentrum jedes Bestattungsrituals steht der Körper des Verstorbenen, den uralte Tabus davor bewahren sollen, von wilden Tieren gefressen zu werden.

Die Lanze des Achilles, des stärksten Achäers, hat Hektors Kehle durchbohrt. Dem trojanischen Helden bleibt gerade noch Zeit für letzte Worte. Noch rasend vor Zorn, zieht Achilles, der Sohn des Peleus, die blutige Waffe aus seinem Hals und reißt ihm die prachtvolle Bronzerüstung vom Leib, die er seinem geliebten Freund Patroklos geraubt hat. Mit dem Vorsatz, den Leichnam des Sterbenden den Hunden zum Fraß vorzuwerfen und ihn von Vögeln zerhacken zu lassen, durchbohrt er seine Füße, zieht ein Seil durch die Löcher und bindet es an seinen Streitwagen an. Mit dem noch warmen Leichnam im Schlepptau peitscht er die Pferde zu einem Galopp an, der bis vor die Mauern der feindlichen Stadt führt. Entsetzt schauen die Trojaner dabei zu, wie Achilles Hektors Leichnam schändet.

Tagelang bleibt der Körper des Feindes sich selbst überlassen in einigem Abstand zu Achilles' Zelt bei den angelandeten achaiischen Schiffen liegen. Durch ein göttliches Eingreifen wagen sich kein Hund und kein Vogel heran, um von seinem Fleisch zu fressen. Im Gegenteil, es verheilen seine Wunden, auch jene, die Achilles dem Toten beigebracht hat. Kein Leichengeruch wird den Leib des in der Schlacht gefallenen Helden entweihen.

Endlose zwölf Tage hält sich dieses Wunder, worauf mitten in der Nacht Hektors alter Vater Priamos zum Zelt des Achilles eilt, mit einem Wagen voller Schätze, um die Herausgabe seines gefallenen Sohnes zu erflehen. Der Alte erniedrigt sich vor dem Feind, umklammert seine Knie, küsst die Hände, die ihn hingeschlachtet haben, um ihn wenigstens tot zurückzubekommen. Er möchte sich um seine sterblichen Überreste kümmern, wie Brauch und Anstand es verlangen. An diesem Punkt gibt der rachsüchtige Achilles, der gnadenlos zwölf junge Trojaner niedermetzeln und auf Patroklos' Scheiterhaufen verbrennen ließ, dem Flehen des alten Königs nach.

Für die alten Griechen war die Unverletzlichkeit des Leichnams ein so hochheiliges Gut, dass die Episode aus der *Ilias* für alle nachfolgenden Waffenstillstände zu einem idealen Bezugspunkt wurde. Selbst in den blutigsten Konflikten halten Heere einen Augenblick inne, um die Gefallenen auszutauschen. Beeindruckenderweise hält sich diese Praxis bis in unsere Zeit: Man blicke nur auf die Chronik des Krieges zwischen Russland und der Ukraine. Selbst in den schrecklichsten Konflikten des 21. Jahrhunderts, trotz der mit Raketen und Satellitentechnologie ausgetragenen Gefechte, gibt es im Anschluss an ein antikes Ritual einen Augenblick der Gnade. Dann schweigen die Waffen, und Soldaten laden sich die sterblichen Überreste der in Feindeshand verbliebenen Kameraden auf die Schultern.

Noch heute ist das Leid unerträglich, einen Toten ohne seinen Leichnam beweinen zu müssen. Dies zeigt sich immer dann, wenn die Opfer einer Flutkatastrophe oder eines Tsunami nicht geborgen werden können. Unsäglich ist der Schmerz für die Angehörigen, wenn sich die armseligen Überreste ihrer Lieben nicht auf einer Bahre abtransportieren lassen, weil sie von der Mafia in Säure aufgelöst oder von einer Militärjunta – wie viele argentinische *desaparecidos* – von einem Militärflugzeug aus im Meer versenkt wurden. Um die unmenschlichste Strafe zu verhängen, vernichtet man den Leichnam nach dem Mord oder lässt ihn für immer verschwinden. So bleibt den Angehörigen nicht einmal der Trost, sich von ihm verabschieden zu können. Der Tod verwandelt den Körper in ein Material mit einer besonderen Symbolkraft, auf die wir nicht verzichten können.

Welche Macht von einem leblos gewordenen Körper ausgeht, zeigen auch die Trauerpraktiken, die Ethnologen unter Gruppen von Schimpansen und Bonobos dokumentierten. Dazu mussten sie sich das Geschehen in diesen kleinen Gesellschaften von Menschenaffen, die uns genetisch besonders nahestehen, nur mit aufmerksameren Augen anschauen. Der Tod eines Artgenossen, insbesondere eines ranghohen, zieht den gesamten Clan in einen Strudel aus extremen Emotionen, die sich abwechselnd in Klagen und Geschrei, in Droh- und Unterwerfungsgebärden äußern. Das Ritual zieht sich mitunter über Tage hin, oft einhergehend mit Nahrungsverzicht, einer Art des kollektiven Fastens, und mit einem Wechsel zwischen Aggressionsausbrüchen und tröstenden Gesten. Vielfach wird der Kadaver, auch nachts, von Individuen bewacht, die ihn tätschelnd zu liebkosen scheinen. Muttertiere wiegen ihre toten Jungen über Tage hinweg sanft in den Armen, picken ihnen behutsam Flöhe aus dem Fell und halten die Fliegen fern.

Besonders intensiv sind die Reaktionen nach plötzlichen Todesfällen, als könne die Gruppe das Trauma des unvorhergesehenen Verlusts nicht verarbeiten. Artgenossen, die zu dem Tier in engerem Kontakt gestanden hatten, zeigen extreme Verhaltensweisen. Wie für uns Menschen gewinnt der tote Körper auch für Schimpansen und Bonobos eine starke Symbolkraft, die den Zusammenhalt der Gruppe festigt. Die erschlaffte Materie, die einen Augenblick zuvor noch ein lebendiger Körper war, erhält auch für Spezies, die uns ganz ähnlich sind, eine grundlegende Bedeutung.

Womöglich entstanden aus diesen Verhaltensweisen die ältesten Bestattungsriten. Dokumentiert sind diese bereits für die Neandertaler, eine Menschenart, die schon zigtausend Jahre vor uns Sapiens verbreitet war. Der Leichnam des Verstorbenen steht im Zentrum kollektiver Trauerriten, die mitunter sogar Formen eines rituellen Kannibalismus einschließen. Seine soziale Funktion endet mit der zeremoniellen Bestattung in einer natürlichen oder ausgehobenen Grube in einer Höhle. Die Stellung der Körper, die rituelle Anordnung von Steinen oder Artefakten sowie der Gebrauch von Pigmenten und verschiedenem Schmuck zeugen davon, dass schon unsere frühesten Vorfahren Zeremonien praktizierten, um das Trauma des Verlusts zu lindern.

Die Materie im Denken der großen Gelehrten

Das Bewusstsein für die extreme Hinfälligkeit alles Lebendigen entwickelte sich in fernster Vergangenheit. Nicht überraschend, gingen aus ihm erste Formen eines religiösen Glaubens hervor. Der ursprünglich lateinische Begriff *religio* wird häufig mit verbindenden sakralen Verpflichtungen und Verboten in Zusammenhang gebracht. Ich schreibe der Religion gerne die einende Kraft einer Erzählung zu, die eine von Sorge und Leid erschütterte Gemeinschaft zusammenhalten soll. Religion entsteht aus einem Akt der Auflehnung: Das Ende der materiellen Substanz, aus der wir bestehen, darf nicht unser Ende *tout court* bedeuten. Etwas von uns muss weiterleben. In einer uns umgebenden Natur, die in endloser Wiederholung ihren Zyklen folgt, erscheint die Vorstellung vom restlosen Verschwinden des einzelnen Individuums schlichtweg unerträglich.

Den großen materiellen Strukturen wie den Flüssen und Bergen, der Erde oder der Sonne ist das absolute Privileg der ewigen Dauerhaftigkeit beschieden, als bestünden sie aus unzerstörbarer Materie. Da kann es doch nicht sein, dass wir, die sonst so besonderen Wesen, zu Verfall und Tod verdammt seien. Etwas von dieser

Substanz, die der Zeit und Vergänglichkeit trotzt, muss auch in unserer innersten Struktur verborgen liegen. Unvermeidlich ist der Gedanke, dass auch wir Menschen mit diesem feinen Gewebe verbunden sind, das ewig lebt. Dem Glauben daran, dass etwas von uns der zersetzenden Kraft der Zeit standhält, dass wir unsere Angehörigen wiedersehen und an den abgerissenen innigen und engen Kontakt mit ihnen wieder anknüpfen können, wohnt ein gewaltiger Trost inne. Er bildet eine unzerstörbare Rüstung, die die menschliche Widerstandskraft angesichts schlimmster Katastrophen stärkt.

Aus solchen Anschauungen entwickelten sich aller Wahrscheinlichkeit nach erste Formen eines Jenseitsglaubens – mit Zeremonien, um Verstorbene auf ihrer Reise in ein unterirdisches Dasein zu begleiten, und Bestattungen im Bauch der Mutter Erde. Ihre Unsterblichkeit sollte es dem Individuum ermöglichen, kraft einer neuen Geburt aufzuerstehen.

Wenn man sich einen edlen Teil, eine grundfremde, irreduzible Substanz vorstellt, die unseren vergänglichen materiellen Körper beseelt und nach dem Tod ewig weiterlebt, hat man gut definiert die Koordinaten beisammen, zwischen denen sich die philosophischen Überlegungen in späterer Zeit weitgehend abspielen: Einerseits wird eine Substanz idealisiert, die als Form, Lebenshauch, Seele oder Geist bezeichnet wird, während andererseits der Körper auf Schlamm, auf niedere und formbare Materie, reduziert wird.

Daraus ging die wohl weltweit bekannteste Erzählung hervor: «Da formte Gott, der Herr, den Menschen aus Erde vom Ackerboden und blies in seine Nase seinen Lebensatem. So wurde der Mensch zu einem lebendigen Wesen.» Die Geburt Adams, des ersten Menschen, bringt diesen Gegensatz im Buch *Genesis* zum Ausdruck. Die Erde, die rohe Materie, die uns den Tieren ähnlich macht, verantwortet unsere niedersten Instinkte: Hunger, Sex, Gewalt. Von dem stinkenden Schlamm, aus dem wir geformt wurden, rühren Zügellosigkeit, Herrschsucht und blinder Fortpflanzungstrieb her. Der göttliche Schöpfungsakt veredelt dieses animalische Substrat, gibt ihm Gestalt und haucht ihm ein Stück

Ewigkeit ein. Die Seele bewohnt vorübergehend einen zu Verfall und Untergang bestimmten Leib. Im Augenblick des Todes verlässt sie ihn, um zu ihrem göttlichen Schöpfer zurückzukehren und sich auf ewig in seinem Glanz zu sonnen.

In einer eindringlichen und unvergesslichen Ausgestaltung der Schöpfungsgeschichte entwirft die Bibel das Bild eines Gottes, der zur Erschaffung des Menschen eine Technik nutzt, die schon Jahrtausende vor ihrer Abfassung erfunden worden war.

Tatsächlich markiert die Herstellung von Gefäßen und Gebrauchsgegenständen aus Ton einen Meilenstein in der Menschheitsgeschichte. Die neue Technik bringt buchstäblich etwas nie Dagewesenes hervor, dessen Form konzipiert und mit geschickten Händen realisiert wird. Die Meisterhaftigkeit, mit der die ersten Artefakte aus Terrakotta – Wasser- oder Vorratsbehälter – umgesetzt wurden, hat mich oft in Staunen versetzt. Die hervorragende Plastizität des Tonmaterials ermöglichte es unseren fernen Vorfahren, den Raum auf neuartige Weise zu organisieren, ein Drinnen vom Draußen zu trennen, das Innere eines Gefäßes zu erschaffen, das sich mit Wasser oder Vorräten füllen und transportieren ließ, um das Jagen und Sammeln erfolgreicher zu machen. In der biblischen Erzählung schwingt anscheinend noch die Begeisterung über das gewaltige Potenzial dieser neuen Technik nach.

In der *Genesis* ist bereits der vorherrschende Ton zu vernehmen, der durch das antike Denken hallt: Die Materie als passives, chaotisches, weibliches Element steht in einem dialektischen Gegensatz zum männlichen, zum aktiven Prinzip, zu Gott als dem Demiurg, der ihr die Form gibt und sie sogar zum Leben erweckt.

Die Konzeption der Materie als der Matrix aller Dinge, die aber unbestimmt, formlos und nebulös ist, verband auch die vorsokratischen Denker, die ihre Zusammensetzung zu ergründen versuchten. Von ihnen ist noch die Rede, wenn wir die Ursprünge der Atomlehre und der materialistischen Konzeptionen erörtern.

Auf gleicher Wellenlänge bewegten sich die großen Gelehrten der Antike. Platon erachtete die Materie als den finsteren Nährboden für die Formen, die der göttlichen Welt entstammen. Sie war die gestaltlose Quelle des Schlechten und Verdorbenen der sinnlichen Welt. Mangels Form ist die Materie instabil und damit an sich unfähig, ein beständiges und dauerhaftes Gleichgewicht zu errichten. Bei Aristoteles ist sie Körperlichkeit, ein konstitutives Element der Dinge, das allerdings vage bleibt. Wir können sie nicht vollständig erkennen, weil sie pure Möglichkeit, etwas noch Formloses ist, ein passives Element des Universums, das in chaotischer Unbestimmtheit existiert und sich in alles Mögliche verwandeln kann.

Wie zu ersehen, bleiben die antiken Denker noch in dem alten Vorurteil gefangen, dass der vernünftige, erhabene Teil des menschlichen Geistes nicht per Geburt aus einem weiblichen Körper hervorgegangen sein kann, mit einer Materie, die aus Fleisch und Blut in einem anderen Wesen Gestalt annimmt, schon gar nicht in einer Frau. Nicht zufällig entspringt Athene, die Göttin der Weisheit, in voller Rüstung dem Kopf des Zeus. Die Rationalität, die Mäßigung, die vor blinder Grausamkeit zurückscheut, die Göttin des Ausgleichs und der Gerechtigkeit, der jede grausame Handlung zuwider ist, kann nur dem Geist eines Mannes entstammen.

Das Vorurteil der Stabilität und Dauerhaftigkeit des materiellen Universums

Das Bewusstsein der äußersten Hinfälligkeit allen Lebens und insbesondere von uns Menschen bildet den Ausgangspunkt der großen Religionen und ersten philosophischen Spekulationen. Von Anfang an hat die illusorische Vorstellung, dass etwas von uns überlebt, das Denken der Menschen gekennzeichnet. Aber während hier und da Zweifel aufkamen, ob der Mensch dem unaufhaltsamen Zyklus von Leben und Tod wirklich entrinnen könne, stellten nur die wenigsten das Vorurteil infrage, wonach das uns umgebende materielle Universum dauerhaft und stabil sei.

Der Schöpfer, der dem Chaos eine Form aufprägt und es in

einen Kosmos verwandelt, erschafft ein vollkommenes, seinem Ebenbild entsprechendes Universum, das folglich für die Ewigkeit bestimmt ist. «Es stehen allesamt die Dinge / in einer Ordnung unter sich, und diese / ist es, durch die das All Gott zu vergleichen», erklärt Beatrice Dante in der *Göttlichen Komödie* (Paradies, I, 103–105). Die Verkündigung mancher Religionen wie der christlichen, dass die Schöpfung am Tag der Apokalypse ein Ende findet, oder die Lehren einiger philosophischer Schulen wie der Stoa, dass das Universum in einer Aufeinanderfolge untergeht und wieder aufersteht, sind dabei ohne Bedeutung. In seinem Lebenszyklus, so lange oder kurz er währen mag, präsentiert sich der Kosmos als ein gigantisches, perfekt durchdachtes und meisterhaft realisiertes Getriebe.

Und so wird in ihn das Vorurteil hineinprojiziert, das sich aus der menschlichen Perspektive ergibt. Es ist wohlweislich ein imaginäres Universum, weil die besonders vertrauten Kategorien, die sich anhand eines extrem begrenzten Blickwinkels auf Zeit und Raum entwickelten, auf ein unendlich größeres Ganzes übertragen werden, das unmöglich zu überschauen ist.

Winzige und bedeutungslose Wesen im Kosmos maßen sich an, ein Bild vom Universum zu entwerfen. Sie wissen nicht, dass sie einen gemäßigten Planeten bewohnen, der die dritte Umlaufbahn um ihre Sonne besetzt, einen namenlosen Stern mittlerer Größe, der ungefähr die Hälfte seiner Lebenszeit hinter sich hat. Sie haben keine Ahnung, dass er nur einer unter den rund zweihundert Milliarden ist, die unsere Galaxie namens Milchstraße bevölkern. Heute wissen wir, dass diese große Balkenspiralstruktur zwar gigantisch, aber ziemlich ähnlich wie unzählige andere unter Hunderten von Milliarden von Galaxien ist, die das gesamte Weltall durchziehen.

Dies alles blieb den großen Gelehrten, die vor über zweitausend Jahren über unsere Verhältnisse nachdachten, zwangsläufig verborgen. Sie sahen prachtvolle Himmelskörper über sich kreisen, die seit Urzeiten unveränderlich dieselben Bewegungen ausführten, und stellten sich so ein vollkommen orchestriertes System aus

Himmelssphären vor, eine ideale Mechanik, regiert von einem unerschütterlichen Gleichgewicht, das von jeher existiert hatte und auf immer Bestand haben würde.

Dieses Vorurteil, wonach die Himmelkörper aus einer ewigen und vollkommenen Materie beschaffen seien, während unser Körper aus der hinfälligen gemeinen Materie bestehe, sollte sich jahrhundertelang halten. Wenn ein neues Licht am Himmel erschien, war allein schon die Vorstellung, dass dies mit dem Untergang eines Sterns zu tun haben könnte, schlichtweg abscheulich. Niemand mit gesundem Menschenverstand hätte zu denken gewagt, dass diese vollkommenen Körper ebenfalls dem Kreislauf der materiellen Existenz unterworfen sein könnten. Folglich diente Nova, «neuer Stern», als Bezeichnung für eine Himmelserscheinung, von der wir heute wissen, dass sie nichts anderes ist als das letzte Aufbäumen, mit dem ein besonders massereicher Stern seine Existenz beschließt.

Die Vorstellung von einem materiellen Universum im ewigen Gleichgewicht hielt sich bis zu Beginn des 20. Jahrhunderts und damit fast bis in unsere Zeit. Heute verblüfft, dass noch vor einem Jahrhundert alle bedeutenden Wissenschaftler einhellig an sie glaubten. Nicht einmal die großen Veränderungen im Weltbild, die durch die wissenschaftliche Revolution Kopernikus', Keplers und Galileis herbeigeführt worden waren, hatten ihr Kratzer verpassen können.

Die Kosmologie hatte die Sonne schon vor Jahrhunderten ins Zentrum des Planetensystems gerückt und die Erde unwiederbringlich aus ihrer zentralen Stellung verbannt, in der sich die antiken Gelehrten getäuscht hatten. Obwohl sich damit alles verändert hatte, hielten sowohl die bedeutenden Wissenschaftler als auch die gewöhnlichen Bürger immer noch daran fest, dass der Kosmos ein ewiges und unveränderliches System in einem perfekten Gleichgewicht sei. Die Astronomen hatten die Sonnenflecken beschrieben und katalogisiert und detailversessen die Berge und Täler auf der Mondoberfläche kartografiert, aber nichts schien den Gedanken erschüttern zu können, dass die Himmelskörper eine ganz besondere Zusammensetzung hatten. Dieser Idee eines ätherischen Materials, das die Fähigkeit zur endlosen Bewegung in sich trug, überdauerte sogar die Entdeckungen Isaac Newtons. Er hatte nachgewiesen, dass die Bewegung der Planeten von der Schwerkraft verursacht wurde, die von der Masse der Himmelskörper ausging, ohne dass diese dafür aus einem besonderen Material bestehen mussten. Vielmehr konnte sogar die gemeine *sublunare* Substanz, aus der unsere Erde bestand, einen Apfel vom Baum herabziehen und ihn am Boden festhalten.

Trotzdem blieb die vorgefasste Meinung, dass all dies Teil eines ewigen und unveränderlichen materiellen Ablaufs, eines vollkommenen ewigen Gleichgewichts sei, noch bis zu Einstein bestehen. Er lehnte sich bis zuletzt gegen die Idee auf, dass alles einen Anfang habe, und führte in einem Willkürakt kurzerhand eine Art positive Energie des Vakuums ein, die der Gravitation durch Abstoßung entgegenwirkt, damit das von den Gleichungen der Allgemeinen Relativitätstheorie beschriebene materielle Universum stabil blieb.

Dieses Buch soll dabei helfen, zahlreiche Vorurteile zu überwinden, erörtert aber vor allem das, was die gegenwärtige Physik über die Materie, ihre Entstehung und ihre lange Entwicklung herausgefunden hat. Dabei stoßen wir auf atemberaubende Entdeckungen, auf wunderbare Konzepte, auf ephemere Formen von Materie, die scheinbar bedeutungslose Existenzen führen, und andere, die so beständig sind, dass sie so gut wie ewig leben, und sogar da, wo wir es wohl am wenigsten erwarten. Überraschenderweise bestehen sogar wir selbst zu einem Großteil aus ihnen. Aber wir werden auch aus nächster Nähe mit der Hinfälligkeit der eindrucksvollsten materiellen Strukturen konfrontiert. Sie rührt von den innersten und verborgensten Mechanismen her, die das Verhalten der Elementarteilchen beeinflussen.

Wenn wir uns mit der großen Vielfalt der überraschenden Formen auseinandersetzen, mit denen sich die Materie den Augen der modernen Wissenschaft präsentiert, müssen wir uns von dem Bild von etwas Körperlichem, Fassbaren und Konkreten endgültig verabschieden. Wir entdecken um uns herum Zustände von Materie, die die makroskopische Struktur unserer Welt entscheidend mitbestimmen, obwohl wir sie weder sehen noch anfassen können. Von ihnen wissen wir noch überhaupt nichts. Wir stellen uns Fragen zu den Mechanismen, die die kompaktesten materiellen Körper zusammenhalten, in denen sich eine abnorme Masse auf geringstem Raum zusammendrängt. Sie gehorchen unbekannten Dynamiken, die bislang noch kein physikalisches Gesetz erklären konnte.

Wir durchqueren gewaltige kosmische Räume, um den flüchtigsten und zartesten Formen von Materie auf die Spur zu kommen. Diese durchstreifen das gesamte Universum und haben Anteil an Phänomenen, die dessen Entwicklung entscheidend mitbestimmen. Wir stoßen auch in die komplexeste, nämlich die biologische Materie vor und versuchen ihre Geheimnisse zu ergründen. Und wie wir dabei feststellen, ist diese alles andere als gemein und gestaltlos. Sie organisiert sich auf erstaunliche Weise selbst, aber abhängig von einer Reihe besonders labiler Gleichgewichte, die sie äußerst zerbrechlich machen.

Damit sind wir bereit, die Materie in ihren endlosen Facetten zu erkunden, von denen uns die gegenwärtige Wissenschaft erzählt. Wie wir feststellen, ist das Vorurteil ihrer Stabilität und Dauerhaftigkeit, an das wir über Jahrtausende glaubten, reine Illusion. Dabei müssen wir allerdings auch erkennen, dass sich gar nicht so leicht definieren lässt, was Materie überhaupt ist. Je weiter wir ihrer innersten Zusammensetzung auf die Spur kommen, desto mehr müssen wir uns von Gewissheiten verabschieden, die das Erbe eines naiven Materialismus sind. Wie stets müssen wir uns auf zahlreiche Überraschungen gefasst machen.

2.

Atome und Leere

Beginnen wir mit der vertrautesten Form von Materie, der unseres Alltags, wenn wir über den Fliesenboden eines Raumes gehen oder die Tastatur eines Computers bedienen, wie ich sie zum Schreiben dieses Buch benutze. Im üblichen Sprachgebrauch bezeichnen wir als materiell ein sichtbares Objekt, das wir anfassen können, ein Ding, mit dem wir mithilfe unserer Sinne in einen Austausch treten können. Das Konzept lässt sich ganz selbstverständlich auf alles ausweiten, was für uns sichtbar ist, auch auf das, was wir nicht berühren können, weil es – wie der Mond – zu weit von uns entfernt ist. Es muss nur beobachtbar sein, notfalls auch mit einem Instrument wie dem Teleskop, durch das wir zum Beispiel die Saturnringe beobachten können.

Der Gesichtssinn ist für uns sehr wichtig, obwohl manche materiellen Körper wie Viren gar nicht zu sehen sind, wenn wir kein starkes Mikroskop zur Verfügung haben, und wir umgekehrt regelmäßig auch Dinge sehen, die materiell eigenständig gar nicht vorhanden sind, zum Beispiel der eigene Schatten, der uns bei einem Spaziergang am Strand verfolgt. Bei der Wahrnehmung ist große Vorsicht angebracht, weil uns unsere Sinne täuschen können. Bestimmte Erkrankungen oder veränderte Bewusstseinszustände rufen Halluzinationen hervor, und sogar wissenschaftliche Instrumente spielen uns mitunter einen Streich. Ganz zu schweigen von den wohlbekannten optischen Effekten wie Fata Morganas, diesen Luftspiegelungen, die uns Dinge an einem Ort zeigen, an dem sie materiell nicht vorhanden sind. Umgekehrt gibt es viele materielle

Substanzen, die wir weder sehen noch anfassen können: Niemand zweifelt daran, dass der Duft, den eine schöne Rose verströmt, etwas Stoffliches ist, das wir dank der Sensoren in unserer Nase als Wohlgeruch wahrnehmen.

Ob Wolken oder Gebirge, ob Schmetterlingsflügel oder Schneeflocken – bei diesen Arten von Materie können wir immerhin ihre innerste Zusammensetzung beschreiben und benötigen dazu nur eine sehr begrenzte Anzahl von elementaren Bestandteilen. Diese wenigen Teilchen besitzen die Fähigkeit, durch Verbindungen untereinander die materiellen Strukturen hervorzubringen, die uns am vertrautesten sind.

Die Idee, dass sich der Aufbau der Materie anhand einer geringen Anzahl an unteilbaren und unzerstörbaren Teilchen erklären lässt, ist uralt: Sie kam ungefähr schon im 5. Jahrhundert v. Chr. im antiken Griechenland auf.

Die Geburt der Atomlehre

Das heutige Avdira, eine eher unbekannte kleine Gemeinde im Nordosten Griechenlands, liegt etwas abseits der bedeutenden Touristenströme des Landes. Bei einem Besuch scheint nichts darauf hinzudeuten, dass hier in der Nähe in der Antike die Stadt Abdera aufblühte, die viele Handelsverbindungen unterhielt und für ihre Philosophenschule berühmt war.

Archäologen haben die Überreste der antiken Stadt auf einem Felsvorsprung über dem Meer ausgemacht, eine beneidenswerte Lage an einer Küste mit zahlreichen Flüssen und breiten Buchten. Wie die Überlieferung will, war diese Stadt nach Abderos benannt, einem jungen Helden, der an diesen Gestaden einen schrecklichen Tod gefunden haben soll. Er war ein Liebling des Halbgottes Herakles, der zwölf Aufgaben zu bewältigen hatte, und wurde von den menschenfressenden Stuten des Diomedes, des Königs eines thrakischen Barbarenvolkes, lebendig verspeist.

Das antike Abdera, im 7. Jahrhundert v. Chr. von griechischen Siedlern gegründet, verfügte über einen zweiteiligen Hafen, der eine sichere Einfahrt und Schutz vor Stürmen bot. Rasch wurde die Stadt zu einer obligatorischen Zwischenstation für den gesamten Schiffsverkehr, der den Hellespont durchquerte. Der daraus geschöpfte Reichtum ermöglichte es den aristokratischen Familien, sie mit imposanten Kult- und Verwaltungsbauten auszustatten und einige der bedeutendsten Gelehrten zu gewinnen, um ihre Jugend auszubilden.

Der Überlieferung nach soll die bedeutende Philosophenschule in Abdera Mitte des 5. Jahrhunderts v. Chr. von Leukipp von Milet gegründet worden sein. Aber wo von den frühesten großen griechischen Gelehrten die Rede ist, lässt sich die historische Faktenlage von Mythen und Legenden nur selten klar trennen. Wie so oft widersprechen sich auch bei Leukipp die Quellen, und so ist nicht einmal gesichert, aus welcher Stadt er stammte. Leukipps Denken wurde vor allem anhand der Schriften von Philosophen wie Aristoteles rekonstruiert, der sich rund ein Jahrhundert später polemisch mit ihm auseinandersetzte. Zweifel bestehen sogar an Leukipps historischer Existenz. Laut Epikur, dem großen Interpreten der atomistischen Strömung, soll er in Wahrheit niemals gelebt haben. Unbestritten ist dagegen die reale Existenz der Person, die sein Lieblingsschüler gewesen sein soll: Demokrit.

Als Abkömmling einer der vermögendsten Adelsfamilien von Abdera, wo er 460 v. Chr. geboren worden war, verzichtete Demokrit auf den Reichtum und die angesehenen Ämter, die ihm sein Stand ermöglicht hätten. Demokrit ist ein schöpferischer Denker, der sich mit sämtlichen Aspekten der Philosophie auseinandersetzte. Wie historisch verbürgt erscheint, trieb ihn die Neugierde auf die Sitten und Gebräuche verschiedener Völker zu einer Reise in den Orient an, die ihn möglicherweise auch nach Ägypten führte. Den Großteil seines langen Lebens verbrachte er allerdings in Abdera. Er soll über hundert Jahre alt geworden sein, für die damalige Zeit ein ganz außergewöhnliches Alter. Er scharte zahlreiche Schüler um sich und verfasste Werke, die sich über die verschiedensten Wissensbereiche ersteckten: von der Mathematik bis zur Ethik, von der Literatur bis zur Musik. Leider ging der größte Teil seines Schaffens unter. Übrig geblieben sind rund dreihundert Fragmente, die bei der Rekonstruktion seines Gedankenguts helfen, ergänzend zu den zahlreichen Äußerungen Platons und Aristoteles', die seine Thesen entschieden zurückwiesen.

Zur Atomlehre gelangte Demokrit auf rein spekulativer Grundlage mit einem logischen Ansatz, der für die philosophischen Argumentationsweisen der Zeit typisch war. Wie alle griechischen Denker verabscheute er das Unendliche, die Nichtzahl schlechthin, die unbestimmte Größe, die als solche unverständlich, also unfassbar war: Ein Prozess, der ins Unendliche läuft, wird zu einem subversiven Gebilde, das jedes Maß und alle Vernunft sprengt und deswegen unerträglich ist. Folglich kann die Operation, irgendein materielles Objekt zu zerteilen, nicht endlos weiterlaufen. Jede materielle Substanz, die zerpflückt und in immer kleinere Teile zerlegt wird, muss auf etwas zurückführbar sein, das sich nicht weiter verkleinern lässt: auf ein Atom (von ἄτομος, *àtomos,* eben für «unteilbar»). Die Materie kann sich nicht so verhalten wie Zenons beliebig unterteilbarer Raum. Könnte man sie in unendlich kleine Teile zerstückeln, bliebe am Ende nichts mehr übrig. Daraus würde folgen, dass sich das Sein aus dem Nichtsein zusammensetzt – der Logik nach ein Unding. Deswegen muss man sie sich als etwas Festes, Undurchdringliches, nicht Entstandenes und Ewiges vorstellen, das der Möglichkeit der Teilung Grenzen setzt.

Demokrits Atom ähnelt in gewisser Hinsicht dem Sein des Parmenides. Der Grundbestandteil eines jeden materiellen Dings ist ein nicht wahrnehmbares Teilchen, undifferenziert, vollkommen und ohne bestimmte sinnliche Eigenschaften. Die Atome bestehen alle aus der gleichen Substanz und unterscheiden sich voneinander allein durch ihre geometrischen Eigenschaften, ihre Form und ihre Größe. Und sie sind unzerstörbar. Neben den Atomen gibt es in Demokrits Theorie eine weitere entscheidende Komponente: die Leere, in der sie sich bewegen, aneinanderstoßen und sich in verschiedener Anzahl zu unterschiedlichen Formen und Anordnungen zusammenschließen können. Auf diese Weise bringen sie die einzelnen Elemente hervor. Bei den ersten Atomisten entsteht die Wirklichkeit folglich dank einer Kombination aus zwei Zutaten: durch das Sein, das Volle, also die Atome, und das Nichtsein, die Leere.

Demokrit spricht den Atomen die Eigenschaft zu, sich in der Leere so lange in jede Richtung zu bewegen, bis sie sich mit anderen Atomen zu materiellen Strukturen verbinden. Alles, was wir in der Welt sehen, geht aus diesem spontanen, der Natur innewohnenden Mechanismus hervor, für den es keinerlei äußeres Eingreifen braucht. Auch die Seele besteht aus Atomen. Diese sind kugelförmig, winzig, ultraleicht und in der Lage, jeden materiellen Körper zu durchdringen. Die Seele ist sterblich, weil sich ihre Atome beim Tod des Körpers voneinander trennen und sie sich dadurch schließlich auflöst.

Die Ideen der Atomisten breiteten sich rasch mit einer gewaltigen Durchschlagskraft aus. In den nachfolgenden Jahrzehnten wurden sie debattiert und vehement zurückgewiesen. Unter den einflussreichsten und erbittertsten Gegnern zeichneten sich Platon und Aristoteles aus.

Wie die Legende will, soll Platon persönlich befohlen haben, Demokrits Schriften zu verbrennen. Die Schüler seiner Akademie sollten nicht einmal seinen Namen in den Mund nehmen. Tatsache ist, dass der Philosoph von Abdera in Platons Schriften kein einziges Mal namentlich erwähnt wird, nicht einmal da, wo er die Anschauungen der Atomisten offen bekämpft. Der Gedanke, dass sich die Materie selbst regulieren und nach immanenten Gesetzen entwickeln könnte, war im platonischen Denken unvorstellbar. Ganz zu schweigen von den Thesen zur Leere und zur Sterblichkeit der Seele. Sie waren Platon ein Gräuel.

Nicht weniger radikal fiel die Kritik von Aristoteles aus, der zeigt, dass er die Thesen der Atomisten bestens kannte. Aristoteles bestreitet nicht nur das Konzept der Leere, sondern vor allem die – angeblich widersprüchlichen – Ergebnisse der Versuche, die Umwandlungen zu erklären. Der Kern seiner Kritik richtet sich gegen die Theorie der naturnotwendigen Bewegung, wonach die Atome in der Leere zu einer ständigen Bewegung gezwungen seien, eine Hypothese, die sowohl mit der (von ihm postulierten) Notwendigkeit eines ersten Bewegers als auch mit der Beobachtung unvereinbar sei, dass die Erde sich in einem absoluten Ruhezustand befindet. In einer zweiten Argumentation wendet er sich dagegen, dass die Unterschiede zwischen den Elementen, den Verbindungen aus Atomen, auf die geometrischen Eigenschaften von deren Form (Kugeln, Oktaeder, Dodekaeder usw.) zurückzuführen seien. Dies führe zu widersprüchlichen, logisch unhaltbaren Ergebnissen. Vor allem aber sei mit dieser Beschreibung nicht zu erklären, wieso sich Dinge veränderten. Als Hauptargument, um die Thesen der Atomisten zu widerlegen, dient die Zeugung. Wie sollten sich Lebewesen fortpflanzen können, wenn im elterlichen Samen nicht schon eine körperlose Form angelegt wäre?

Die radikale Kritik, die die bedeutendsten Vertreter der griechischen Philosophie gegen die Thesen der Atomisten vorbrachten, hatte einen maßgeblichen Einfluss auf deren Wirkungsgeschichte. Trotzdem wurden sie in der gesamten Zeit des Hellenismus und in der römischen Kaiserzeit weiterhin an zentraler Stelle diskutiert, vor allem dank der Beiträge Epikurs und Lukrez'.

Epikur und Lukrez

Die heutige Beliebtheit Epikurs beruht auf einem Missverständnis. Der Begriff «epikureisch» ist im gewöhnlichen Sprachgebrauch zum Synonym für ein hedonistisches Verhalten geworden, das vorzugsweise auf den Genuss materieller Güter und auf das Luststreben als dem einzigen Lebenszweck setzt. Tatsächlich war dies die These der philosophischen Strömung der Kyrenaiker, von denen Epikur sich distanzierte. Für ihn war für den Weisen das höchste Glück nur dadurch zu erreichen, dass er sich von der Angst vor dem Tod befreite, und dies allein durch die Kenntnis der physikalischen Mechanismen, welche die Welt beherrschen. Der Zweck der Philosophie bestand darin, die Menschen zu befähigen, den Seelenfrieden zu erlangen, eine vollkommene Ausgeglichenheit, die einen Verzicht auf Überflüssiges ermöglicht. Epikur hielt seine Schüler zu einem besonnenen und maßvollen Leben an, dessen Freuden nur durch eine Absage an Exzesse genossen werden könnten, die sie zu Sklaven ihrer Begierden machen würden. Aber seine Verleumder stellten seine ethischen Anschauungen in immer schärferen Angriffen am Ende überspitzt und verdreht dar, sodass uns heute das Zerrbild eines die irdischen Genüsse lobpreisenden Philosophen überliefert ist.

Epikur wurde um 341 v. Chr. auf Samos geboren, einer ägäischen Insel vor der heutigen türkischen Küste. 306 v. Chr. verlegte er seine Philosophenschule nach Athen, der kulturellen Hauptstadt der Antike. Diese Entscheidung zeugt von seinem Willen, vor Ort an den Fundamenten des Gedankengebäudes zu rütteln, das Platon und Aristoteles errichtet hatten. Ihnen war er von Anfang an mit unerbittlicher Feindschaft begegnet.

Seine Lehranstalt war eine der drei großen hellenischen Schulen und setzte sich schon dadurch von der Tradition ab, dass sich ihre Anhänger nicht auf öffentlichen Plätzen oder in einem Gymnasion versammelten, wo sich die freien Männer wie Sokrates, Platon und Aristoteles trafen, sondern in seinem Privathaus – einer Residenz mit einem Garten fernab des Stadtzentrums in einer Gegend, von der aus man den Blick auf das umliegende Land genießen konnte. Das revolutionärste Kennzeichen seiner sogenannten Gartenschule bestand freilich darin, dass sie neben Frauen sogar einige Sklaven zuließ. Aufgenommen wurde sogar eine berühmte, nach Erlösung strebende Hetäre. Die Schule Epikurs praktizierte als eine der ersten Institutionen eine Form von Demokratie, die der modernen ähnelte.

Mit einer Wiederaufnahme und Weiterentwicklung von Demokrits Atomlehre legte Epikur die Grundlagen für eine materialistische Konzeption der Welt, auf der er einen rundweg neuen philosophischen Ansatz aufbaute: Die Realität ist für die menschliche Intelligenz vollständig erkennbar. Um die Naturphänomene zu verstehen, braucht es kein göttliches Eingreifen. Alles klärt sich auf, wenn man den inneren Abläufen in der Welt auf den Grund geht.

Das Reale besteht aus den Körpern und der Leere, in der diese sich bewegen. Die zusammengesetzten Körper bestehen aus Atomen, bilden sich durch deren Anlagerung aneinander und sind dem Zerfall und Verderben ausgesetzt. Dieses Gesetz gilt auch für die Seele, die mit dem Körper stirbt. Deswegen braucht man den Tod nicht zu fürchten. Man spürt nichts, weil sich mit dem Tod des Körpers auch die Seele auflöst.

Die Atome sind winzige unsichtbare und unteilbare Korpuskel. Sie leben in Ewigkeit und bilden die wesentlichen Bestandteile für den Aufbau der materiellen Welt. Um Aristoteles' Argumentation zu widerlegen, die sich gegen den kompliziert und unstimmig erscheinenden Mechanismus richtet, mit dem die Atomisten die Bildung der Elemente erklärten, schreibt Epikur den Atomen Formen, Größen und vor allem verschiedene Gewichte zu. In der Leere befinden sich die Atome in ständiger Bewegung, bilden eine Art heftigen Dauerregen, indem sie mit höchster Geschwindigkeit zu Boden sausen.

Damit die Atome trotzdem zusammenstoßen, sich verbinden und zusammengesetzte Körper bilden können, führte Epikur die «Abweichung» ein, eine natürliche, ihnen innewohnende Neigung, nach dem Zufallsprinzip jäh aus ihrer Bahn auszubrechen. Dies war sein wichtigster Beitrag zur Atomlehre, der sehr populär werden sollte, als ihn ein begeisterter Anhänger des Epikureismus in der Römerzeit in Verse goss und dabei den Ausdruck «Abweichung» mit dem lateinischen Begriff *clinamen* wiedergab.

Epikur verfasste rund dreißig Schriften zu verschiedenen Themen. Leider sind nur neun bruchstückhaft erhalten. Dass uns seine Thesen dennoch überliefert sind, verdanken wir dem Erfolg des Epikureismus während des Hellenismus und den Werken seiner Anhänger in römischer Zeit, insbesondere dem des Lukrez.

Titus Lucretius Carus, wahrscheinlich 95 v. Chr. in Pompeji geboren, hinterließ uns mit seinem Werk *De rerum natura (Über die Natur der Dinge)* in Versen das vollständigste Kompendium von Epikurs Denken. Zu Lukrez' Leben sind nur spärliche und lückenhafte Einzelheiten bekannt. Mit dem Epikureismus kam er wahrscheinlich in der «Gartenschule» von Herculaneum in Berührung, an der Philodemos von Gadara lehrte. Dieser griechische Philosoph war Gast von Caesars Schwiegervater, dem steinreichen Lucius Calpurnius Piso, der eine prachtvolle Villa am Meer besaß.

Als der Vesuv bei seinem Ausbruch 79 n. Chr. Herculaneum zerstörte, verschwand auch diese sogenannte Pisonenvilla unter einer dreißig Meter dicken Schicht aus Asche und Geröll. Glühende Lava drang in das Gebäude ein und vernichtete die Bibliothek, in der Tausende von Papyrusrollen verwahrt wurden. Als knapp 1700 Jahre später Archäologen mit Ausgrabungen begannen, stießen sie auf herrliche Wandfresken, große Mosaike und zahllose Bronzestatuen, die zu den schönsten je entdeckten zählen. In der einstigen Bibliothek kamen Hunderte von verkohlten Schriften zum Vorschein – eine große Überraschung, dank derer das Anwesen lange Zeit «Villa dei Papiri» genannt wurde. Damals – um 1750 – hätte sich niemand vorgestellt, dass wenige Jahrhunderte später findige Wissenschaftler eine Methode entwickeln würden, um diese Werke teilweise wieder lesbar zu machen. Dank computertomografischer Techniken, ähnlich wie sie bei Routineuntersuchungen eingesetzt werden, stellte sich heraus, dass viele von Philodemos von Gadara stammten, dem epikureischen Philosophen, der von den Pisonen protegiert worden war. So hat eine Naturkatastrophe, die dieses Wissen vollständig für immer hätte vernichten können, tatsächlich dazu beigetragen, Teile von ihm über Jahrtausende zu erhalten.

De rerum natura des Lukrez sollte ein ähnliches Schicksal treffen wie die Papyri des Philodemos. Dieses Werk in sechs Büchern, das in herrlichen Versen die Weltanschauung beschreibt, die den Menschen die Angst vor dem Tod nehmen und sie von den Göttern befreien sollte, hatte gleich nach Veröffentlichung einen beachtlichen Erfolg. Cicero beurteilte Lukrez als gewaltigen Dichter,

Ovid pries ihn als erhaben, und Tacitus erinnerte daran, dass viele Leser lieber zu ihm als zu Vergil griffen.

Dass sich der Epikureismus gerade in den gehobenen römischen Schichten verbreitete, prädestinierte ihn allerdings dazu, mit dem aufstrebenden Christentum aneinanderzugeraten, das die letzten Jahre des Römerreichs kennzeichnen sollte. Im 2. Jahrhundert n. Chr. hatten sich Epikurs Thesen anscheinend durchgesetzt. Kaiser Hadrian billigte den Epikureern beachtliche Privilegien zu, Marc Aurel richtete der Strömung in Athen einen staatlich finanzierten Lehrstuhl ein. Aber in dieser Zeit waren ihre Anhänger durch die ersten Kirchenväter bereits heftigsten Angriffen ausgesetzt.

Zu Beginn des 3. Jahrhunderts n. Chr. nimmt sich Clemens von Alexandria Epikur als einen beispielhaften Verfechter des Atheismus zur Brust. Die Behauptung, Menschen könnten aus sich selbst heraus Glückseligkeit auf Erden erlangen, heiße, sich an Gottes Stelle zu setzen. Clemens trommelt zum Gefecht gegen all «jene, welche die Atome zum Prinzip erheben: armselige Männer ohne Glauben, Sklaven der Lüste, die sich mit dem Namen von Philosophen bemänteln».

Als das Christentum zur Staatsreligion des Reichs wird, bleibt für Epikurs Thesen kaum noch Raum. Ein entsprechendes Schicksal erleidet *De rerum natura*. Nach allen Anfeindungen verschwinden Lukrez und sein wichtigstes Werk unter einer Schicht des Vergessens, die deutlich dicker ist als die der Vulkanasche, die die Pisonenvilla unter sich begraben hatte. Langsam, aber unaufhaltsam werden die Kopien dieses Meisterwerks entweder vernichtet oder gehen verloren, weil niemand mehr die zerschlissenen Vorlagen abschreiben lässt. Die *damnatio memoriae* hätte die Erinnerung an Lukrez und den Atomismus wohl für immer ausgelöscht, wäre nicht einem Handschriftenforscher ein Glückstreffer gelungen.

Die unglaubliche Entdeckung des Sekretärs eines Gegenpapstes

Im Jahr 1410 konnte Giovanni Francesco Poggio Bracciolini sein Glück kaum fassen. Im Alter von dreißig Jahren war er zum Privatsekretär Baldassarre Cossas, des frischgewählten Papstes Johannes XXIII., ernannt worden.

Poggio Bracciolini war in Terranuova, einer Ortschaft bei Arezzo, als Sohn eines Gewürzhändlers zur Welt gekommen, der bald darauf in Schulden ertrank. Auch deshalb musste er sich von seinen Ambitionen verabschieden, Jurisprudenz in Bologna zu studieren und Notar zu werden. Stattdessen fand er in Florenz eine Anstellung als Kopist, ein eher bescheidenes Metier, das er allerdings so begeistert ausübte, dass er bald von bedeutenden Gelehrten und Politikern der Stadt Unterstützung erhielt. Als begieriger Leser und Erforscher sämtlicher Werke in Griechisch und Latein, die ihm in die Finger kamen, wagte er, mit guten Empfehlungsschreiben bedacht, den großen Sprung einer Übersiedlung nach Rom. Und wie es der Zufall wollte, hatte sich das Blatt zu seinen Gunsten gewendet. Als Sekretär des Papstes war er jetzt für dessen Privatkorrespondenz zuständig und gehörte dem engsten Kreis seiner Mitarbeiter an.

Für ihn erfüllte sich ein Lebenstraum. Er, der Sohn des Gewürzhändlers, war in der Ewigen Stadt, in der Residenz des Papstes, empfangen worden, in dem Zentrum, um das sich die gesamte politische und wirtschaftliche Macht der Welt drehte. Aber das Schicksal sollte ihm einen üblen Streich spielen.

Zu Beginn des 15. Jahrhunderts durchlebte das Papsttum eine seiner schwersten Krisen, die den Sturz von Johannes XXIII. herbeiführen sollte. Baldassarre Cossa war alles andere als ein Heiliger. Geboren auf Procida, der kleinen Insel im Golf von Neapel, stammte er aus einer reichen, aber stark in Verruf geratenen Familie. Zwei seiner Brüder waren wegen Piraterie verhaftet und zum Tod verurteilt worden. Sie entgingen nur deshalb dem Galgen, weil der mächtige Baldassarre sich für sie einsetzte. Damals war er bereits Camerlengo, der Finanzminister von Papst Bonifatius IX. Als Hüter des Vatikanschatzes hatte er einen lukrativen Ablasshandel aufgebaut. Wenn ein besonders begehrtes Kirchenamt zur Vergabe stand, trat er mit den reichsten und mächtigsten Familien Europas in dubiose Verhandlungen. Gerüchten zufolge sollte er sogar beim angeblichen Giftmord an Alexander V. die Hand im Spiel gehabt haben. Und mit dem Keuschheitsgelübde nahm er es wohl auch nicht so genau: Böse Zungen behaupteten, dass in den päpstlichen Gemächern Nonnen und junge Ehefrauen ein und aus gingen. Aber dies wäre ihm wohl nicht zum Verhängnis geworden, hätte er sich nicht die Feindschaft des Königs von Neapel zugezogen.

Die Kirche war seit 1378 durch das Abendländische Schisma gespalten. Seit Jahrzehnten hatte die tief zerstrittene christliche Gemeinschaft gleich zwei Päpste gewählt, einen in Rom und einen in Avignon, und beide bekämpfen sich erbittert. Ihren Höhepunkt erreichte diese Ära der Päpste und Gegenpäpste zur Zeit Johannes XXIII., als sich gleich drei Gewählte um die Nachfolge Petri stritten: neben diesem der Spanier Pedro de Luna (Benedikt XIII.) und der Venezianer Angelo Correr (Gregor XII.). In den Streit schaltete sich Ladislao von Anjou-Durazzo, der König von Neapel, ein. Er erklärte Johannes XXIII. zum Gegenpapst und setzte sein Heer nach Rom in Bewegung. Cossa musste fliehen und beim römisch-deutschen Kaiser, Sigismund von Luxemburg, Hilfe erbitten.

Vom ihm dazu aufgefordert, berief Johannes XXIII. das Konzil von Konstanz ein, um das Abendländische Schisma zu beenden. Aber entgegen seinen Erwartungen wurde er verhaftet, der Simonie, der Sodomie, des Inzests, des Mordes und weiterer Verbrechen für schuldig gesprochen und 1415 abgesetzt.

Obwohl vom Schicksalsschlag seines Dienstherrn mitbetroffen, ließ sich Poggio Bracciolini nicht entmutigen. Er beschloss vielmehr, den Aufenthalt in Deutschland zu nutzen, um seine humanistische Leidenschaft wiederaufleben zu lassen. Wie bekannt war, lagerten in deutschen Klöstern Dutzende, wenn nicht Hunderte

Werke aus der Antike, die völlig in Vergessenheit geraten waren, weil sie von den Kopisten nicht mehr regelmäßig abgeschrieben wurden. Bracciolini begann schweizerische sowie deutsche Abteien und Klöster in der Umgebung von Konstanz zu durchforsten. Dabei gelang ihm, vielleicht in Sankt Gallen unweit des Bodensees – oder sogar weiter entfernt in Fulda bei Kassel –, jene Entdeckung, die seinem Namen den Eingang in die Geschichte sichern sollte. Tatsächlich stieß er 1417 auf eine Abschrift von *De rerum natura,* einem Werk, dessen Titel er mit Sicherheit kannte, weil er von Ovid, Cicero und anderen Großen der antiken Literatur erwähnt wurde. Bracciolini ließ sie sofort kopieren und schickte das Werk einem Freund in Florenz, um weitere Exemplare anfertigen zu lassen. Den Rest besorgte nur wenige Jahre später die Erfindung des Buchdrucks mit beweglichen Lettern.

Sehr rasch wurde die philosophische Abhandlung des Lukrez in Gedichtform mit ihren Spekulationen über die Atome und die Götter, über die Glückseligkeit der Menschen und gegen die Angst vor dem Tod zu einem grundlegenden Text, mit dem man sich auseinandersetzen musste. Wie alle bedeutenden Bücher veränderte die von Poggio Bracciolini ausgegrabene Handschrift die Weltgeschichte, indem sie Dutzende von Künstlern, Wissenschaftlern und Philosophen beeinflusste.

Venus, Zephyr und die Käsewürmer

Die Schönheit der Verse hatte einen entscheidenden Anteil daran, dass sich Lukrez' *De rerum natura* in der europäischen Geisteswelt verbreitete. Und so waren im charakteristischen Rhythmus dieser herrlichen Hexameter Demokrits und Epikurs revolutionäre Ideen überall auf dem Vormarsch.

Das Europa der zweiten Hälfte des 15. Jahrhunderts war von Spannungen durchzogen, die zur Reformation Martin Luthers führen sollten. Die aufgeheizte Stimmung sorgte allerdings noch nicht dafür, dass Lukrez' Werk – trotz seiner klar formulierten Thesen zur Sterblichkeit der Seele und zur Schädlichkeit der Religion – ins Visier der kirchlichen Obrigkeiten geriet. Vielleicht deshalb nicht, weil es, da in Latein verfasst, nur begrenzt rezipiert wurde oder weil seine wohlklingenden Verse auch zahlreiche Geistliche, manche Prälaten und sogar den Kardinal Marcello Cervini und künftigen Papst Marcellus II. faszinierten. Tatsache ist jedenfalls, dass *De rerum natura* nicht auf dem Index Romanus stand, als diese Liste der verbotenen Bücher 1559 erstmals erschien. Dort landete das Werk erst 1717, nachdem es ins Italienische übersetzt und in London veröffentlicht worden war.

Dieser Aufschub erklärt, warum die Ideen Demokrits und Epikurs, die Lukrez so elegant in Verse gegossen hatte, Hunderten von europäischen Intellektuellen bekannt wurden und die philosophische Debatte und die Forschungen zahlreicher Humanisten und Gelehrter tiefgreifend beeinflusste.

Somit ist es dem Sturz eines Gegenpapstes zu verdanken, dass der Materialismus durch eine Verkettung glücklicher Umstände eine Wiedergeburt erlebte und zu neuer Stärke fand. Ohne die Verhaftung Johannes' XXIII. in Konstanz hätte Poggio Bracciolini wegen seiner Aufgaben als päpstlicher Sekretär nicht so viel Zeit und Energie darauf verwenden können, seiner Leidenschaft für Abschriften antiker Werke zu frönen.

Lukrez' Werk machte sofort Fortüne. Am Ende des 15. Jahrhunderts inspirierte *De rerum natura* nicht nur Gedichte und literarische Schriften, sondern auch einige Meisterwerke der bildenden Kunst wie Botticellis *Primavera*.

Das Gemälde, ausgeführt um 1480, zieht die Besucher, die in Florenz durch die Uffizien strömen, bis heute wie magisch an. Es zeigt neun Figuren der klassischen Mythologie inmitten eines aus Orangen- und Lorbeerbäumen bestehenden Hains, der sich zu einer Blumenwiese öffnet. Im Zentrum steht Venus, die Göttin der Liebe und der Schönheit, unter einem Pfeile verschießenden Cupido (Amor) mit verbundenen Augen. Rechts umarmt und befruchtet Zephyr die Nymphe Chloris, die sich in Flora, die Göttin der

Blüte, verwandelt. Ganz links, fast außerhalb des Geschehens, steht Merkur neben drei tanzenden, leicht verschleierten Grazien.

Mit der Darstellung der wiedererwachenden Natur, mit einer Pflanzen- und Blütenpracht feiert das Werk Venus als Mutter Natur, als glanzvolle und wohltätige Göttin, die die Erde auf jede erdenkliche Weise mit prallem Leben erfüllt, als Quelle von Wohlstand und Freude für die Menschen und Götter. Dies ist der Triumph der Göttin der Schönheit, die mit den freudespendenden Künsten sogar den Kriegsgott Mars zu besänftigen vermag. In der Zeugungskraft der Natur, die das Zentrum der Szenerie bildet, hallt die Hymne an die Göttin der Liebe nach, mit der Lukrez sein Gedicht beginnt: «Der Götter Wonne, Venus, du bist es, die [...] das fruchtragende Land belebt. Dir verdankt alles Belebte Empfängnis, den ersten Blick auf der Sonne Licht. [...] Kaum nämlich ist die Pforte des Frühlings aufgesprungen und der Westwind [Zephyr] befreit, da bläst frisch sein befruchtender Hauch – und zuerst unter dem Himmel künden die Vögel dich an, von deiner Kraft, Göttin, ins Herz getroffen. [...] So lenkst allein du den Lauf der Dinge, nichts vermag emporzuwachsen zu den strahlenden Küsten des Lichts ohne dich [...]» (*Über die Natur der Dinge,* I,1–23).

In den meisterhaften Pinselstrichen Botticellis oder in den Versen illustrer Dichter wie Agnolo Poliziano spiegeln sich getreu die Bilder und Konzepte aus *De rerum natura* wider. Dabei stoßen sie bei der geistigen Elite der Epoche auf eine Wertschätzung, der die Obrigkeiten keinerlei Steine in den Weg legen. Anders ist die Lage, wenn sie sich in klar geäußerten philosophischen Theorien niederschlagen und vor allem wenn sie außerhalb der Gelehrtenkreise in der Öffentlichkeit diskutiert werden.

Und dafür sorgt Giordano Bruno, der seine Thesen in verständlicher Form in ganz Europa verbreitet. 1548 in Nola bei Neapel geboren, legt dieser Dominikanermönch sein enzyklopädisches Wissen auf Lehrveranstaltungen und in öffentlichen Debatten dar und verfasst unter der eindrucksvollen Menge seiner philosophischen Abhandlungen auch einige auf Italienisch, um seine Gedanken einem möglichst breiten Publikum nahezubringen.

Lukrez ist für Brunos Gedankengut eine Inspirationsquelle und ein beständiger philosophischer Bezugspunkt. *De rerum natura* führt er ausdrücklich sowohl in seinen italienischen Dialogen als auch in seinen lateinischen Werken an. Er beruft sich auf Lukrez, wenn er das Atom und das «Kleinste» als die ursprünglichen und konstitutiven Bestandteile der Materie erwähnt, und vermutet eine spontane Entstehung sämtlicher Materialien, auch der lebendigen, ausgehend von Prozessen des Zusammenschlusses von Atomen.

Menschen sind eine Lebensform wie viele andere, und alle entspringen Naturphänomenen. Es gibt keinen substanziellen Unterschied zwischen den materiellen Körpern, die mit einem eigenen Leben ausgestattet sind, und den unbeseelten anderen. Beide gehen aus einem unbegrenzten Universum hervor, voll von zahllosen Welten, in denen sich unendliche Möglichkeiten verwirklichen. Diese Anschauungen, die ganz im Gegensatz zum offiziellen geozentrischen Weltbild stehen, rufen rasch die Heilige Inquisition auf den Plan. 1592 lässt sie Giordano Bruno einkerkern und macht ihm langwierig den Prozess.

Interessant dabei ist, dass am Ende des 16. Jahrhunderts nicht nur in den gebildeten Kreisen, sondern auch im einfachen Volk bereits Formen eines religiösen Materialismus im Umlauf waren, wenngleich weniger ausgefeilt. Davon wissen wir dank der Akten aus anderen Inquisitionsverfahren.

Domenico Scandella, genannt Menocchio, war ein unscheinbarer Müller, Ehemann und Vater von sieben Kindern, der im Dorf Montereale im Friaul lebte. 1584 wurde er mit zweiundfünfzig Jahren vom Heiligen Offizium wegen Ketzerei unter Anklage gestellt. Im Verlauf des Prozesses verteidigte er gewieft seine Thesen: «Beim Tod des Körpers stirbt die Seele, aber der Geist bleibt und kehrt zu Gott zurück.» In seinen einfallsreichen Einlassungen tauchen erneut der Materialismus der Vorsokratiker und die lukrezianische These von der Selbstzeugung auf. «Ich habe gesagt, dass [...] alles ein Chaos war», erklärt der Müller dem Inquisitor, der ihn zum Ursprung der Welt befragt, «also Erde, Luft, Wasser und Feuer vermischt. Und dieser Inhalt bildete, wie es so ging, eine Masse, gerade so, wie wenn man aus Milch Käse herstellt, in dem sich dann Würmer bilden, und diese wurden dann zu Engeln [...] und unter dieser Anzahl von Engeln war auch Gott, der zur selben Zeit ebenfalls aus dieser Masse erschaffen wurde.»

Menocchio wurde im ersten Prozess zu lebenslanger Haft verurteilt, kam aber schon nach wenigen Jahren wieder frei. Das Heilige Offizium behielt ihn gleichwohl im Auge: 1599 landete er erneut im Kerker und wurde diesmal zum Tod verurteilt. Kurz nach der Vollstreckung ereilte Giordano Bruno dasselbe Schicksal: Er wurde am 17. Februar 1600 auf dem Campo de' Fiori in Rom lebendig auf dem Scheiterhaufen verbrannt.

Die parallel verlaufenden Geschicke des Philosophen, der in ganz Europa bekannt war, und des namenlosen friaulischen Müllers machen uns deutlich, wie weit die materialistischen Thesen in die Gesellschaft des 16. Jahrhunderts vorgedrungen waren.

Die Geburt der modernen Wissenschaft und der Atomismus

Die Auffassung des Lukrez, wonach «die Natur keinen hochmütigen Herren unterworfen ist, sondern alles ohne göttliches Eingreifen selbst bewirkt», fällt besonders in den Gelehrtenkreisen auf fruchtbaren Boden. Zu Anfang des 17. Jahrhunderts debattiert die Wissenschaft die kopernikanische Hypothese, wonach nicht die Erde, sondern die Sonne im Zentrum des Universums steht. Maßgeblich von Galilei und Kepler verfochten, begründet sie das neue Weltbild. Galilei markiert die Geburt der modernen wissenschaftlichen Methode im Einklang mit der lukrezianischen Annahme, wonach die Natur bei ihren Wandlungen nur den eigenen Gesetzen folgt. Der Gelehrte aus Pisa vertritt offenbar mehrfach in seinem Werk die atomistische These. Und nicht zufällig befasst sich Evangelista Torricelli, einer seiner brillantesten Anhänger, in vielen

Forschungen mit dem Vakuum, einer wesentlichen Komponente im Universum des Lukrez.

Isaac Newton bekennt sich klar zu seiner Bewunderung für Epikur und schließt sich dessen atomistischen Thesen an. Sie geben ihm unter anderem den Anstoß für seine Korpuskeltheorie des Lichts. Die «harten Teilchen», wie Newton die Atome bezeichnet, aus denen die Körper bestehen, seien mit Kräften ausgestattet, mit denen sie von ferne aufeinander einwirkten und so verschiedene chemische Reaktionen auslösten. Die Form, die Härte und die Dichte eines materiellen Körpers hingen von den vorgegebenen Eigenschaften der Teilchen ab, aus denen sich dieser zusammensetzt. Mit Newton beginnt eine lange Entwicklung, die am Ende zur modernen Atomtheorie führen wird. Die Materie besteht aus Atomen, und die zwischen ihnen wirkenden Kräfte bestimmen die Natur der Körper.

In der zweiten Hälfte des 17. Jahrhunderts werden die experimentellen Wissenschaften – die Astronomie, die Physik und die entstehende moderne Chemie – zu den wichtigsten Instrumenten der Erforschung der Natur. Um die Ergebnisse ihrer Versuche zu erklären, müssen sich die Forscher schrittweise von jeder Bezugnahme auf die aristotelischen Prinzipien verabschieden. Wenn Substanzen chemische Reaktionen durchlaufen, verändern sie ihre Form, bringen Verbindungen hervor und wechseln radikal ihre Eigenschaften. Weil sich die Materie als deutlich vielfältiger und komplexer erweist, ist der Rückgriff auf die Theorie der vier klassischen Elemente – Wasser, Luft, Erde und Feuer – unhaltbar geworden. Alles wird einfacher, wenn man stattdessen von der atomistischen Hypothese ausgeht, wonach die Materie aus primären Teilchen mit bestimmten Eigenschaften besteht. Auch wenn diese unsichtbar, nicht wahrnehmbar und nicht direkt nachweisbar sind, ist die Menge der Hinweise auf sie beeindruckend.

Zu Beginn des 19. Jahrhunderts entwickelt der englische Wissenschaftler John Dalton die erste moderne Version der Atomtheorie. Als ein bedeutender Gelehrter der Eigenschaften von Gasen beschäftigt er sich mit der Luft und den Strömungen in der Erdatmosphäre und wird so zu einer Art Vorläufer der modernen Meteorologie. Um die Produkte und Merkmale einiger bekannter chemischer Reaktionen zu erklären, formuliert er seine Atomtheorie und veröffentlicht eine Tabelle mit den relativen Atomgewichten von sechs Elementen (Wasserstoff, Sauerstoff, Stickstoff, Kohlenstoff, Schwefel und Phosphor), alle gemessen im Verhältnis zum Wasserstoff, dessen Gewicht er als Bezugsgröße bei null ansetzt. Anhand der Atomgewichte werden die chemischen Reaktionen quantitativ vorhersagbar. Damit beginnt eine spannende Entwicklung, die 1869 zu Dmitri Iwanowitsch Mendelejews Periodensystem der Elemente führt.

Reiht man die verschiedenen Elemente anhand ihres Atomgewichts in eine aufsteigende Ordnung ein, so stellt man fest, dass sich einige ihrer physikalischen und chemischen Eigenschaften in regelmäßigen Abständen wiederholen, also periodisch auftreten. Die sogenannten Alkalimetalle – Lithium mit dem Atomgewicht 7, Natrium mit 23 und Kalium mit 39 – haben beispielsweise ein glänzendes Äußeres, sind weich und geschmeidig und reagieren sehr heftig mit Wasser. Mendelejew klassifiziert sie anhand dieser Periodizität im Atomgewicht – sie liegen jeweils um 16 Einheiten auseinander – und ordnet sie in eine homogene Gruppe ein.

Mit diesem Ansatz erstellt er eine Tabelle, die sämtliche damals bekannten Elemente enthält. Er entdeckt, dass Plätze im Periodensystem unbesetzt sind, und schließt daraus, dass es sich um Elemente handelt, die erst noch identifiziert werden müssen. Und er sagt sogar deren Eigenschaften voraus. Als einige Jahre später das Gallium und das Germanium entdeckt werden und exakt dem von Mendelejew erstellten Phantombild entsprechen, ist der Erfolg seines Periodensystems unumstritten. Wie sich später herausstellt, muss die Tabelle mit den Elementen, um Widersprüche zu vermeiden, nach steigender Kernladung geordnet werden, also nach der heute so bezeichneten Ordnungszahl.

Ironie der Geschichte: 1897 entdeckt der Physiker Joseph Thomson, Direktor des Cavendish Laboratory im englischen Cambridge, das Elektron – gerade zu der Zeit, als Mendelejews Periodensystem der Elemente seinen größten Erfolg feiert. Das Ende des 19. Jahrhunderts markiert also den Triumph des Atommodells und gleichzeitig den Beginn seiner Krise. Denn wie sich sogleich zeigt, befinden sich die Elektronen in den Atomen. Was 2500 Jahre lang als der unteilbare Grundbaustein schlechthin gegolten hatte, war in Wahrheit eine Zusammensetzung, hatte eine Struktur und ließ sich in noch elementarere Bestandteile aufspalten.

Damit begann die große Entwicklung, in deren Verlauf die Physik des 20. Jahrhunderts das sogenannte Standardmodell der Teilchenphysik erstellte.

3.

Es sind nur Teilchen

Mit der Entdeckung des Elektrons durch Thomson beginnt die experimentelle Erforschung der Atomstruktur. Den Wissenschaftlern zu Anfang des 20. Jahrhunderts gelingt die Entwicklung von Methoden, um «das Unsichtbare sichtbar zu machen». Die Atome sind zu kleine Korpuskel, um sie direkt in Augenschein nehmen zu können, aber mithilfe physikalischer Experimente lassen sich die verschiedenen Atommodelle auf den Prüfstand stellen.

Um zu verstehen, wie die gewöhnliche Materie – ob die von Felsen oder Schmetterlingsflügeln – beschaffen ist, muss man sich mit den Elementarteilchen vertraut machen. Hier können wir in einzelnen Schritten vorgehen, weil sich die uns umgebende Materie überwiegend aus einer sehr begrenzten Anzahl an Grundkomponenten zusammensetzt.

Am einfachsten lässt es sich so formulieren: Materie besteht aus Teilchen, die miteinander wechselwirken, indem sie untereinander andere Teilchen austauschen. Das ist alles.

Aber wie lassen sich diese Teilchen identifizieren? Was bedeutet es, dass sie durch Austausch anderer Teilchen miteinander wechselwirken? Mit welchen Methoden sind die winzigsten Teile der Materie aufzuspüren?

Die dunkle Seite des Mondes

Seine Frau nutzte eine rotierende, von einem Elektromotor angetriebene Metallschüssel, um ihr Material zur Herstellung einer neuen Keramik zusammenzumischen. Roger, der seit Tagen nach einer Lösung für sein Problem gesucht hatte, ging plötzlich ein Licht auf. Er musste nur eine Handvoll Münzen in diese Schüssel werfen und deren Klirren auf Band aufzeichnen. Bei einem Zusammenschnitt mit der Aufnahme einer ratternden Registrierkasse erhielt er kurz darauf den 7/4-Takt, der ihm vorgeschwebt hatte.

Auf diese Art ist *Money* entstanden, einer der berühmtesten Songs der Rockgeschichte. Von Roger Waters für Pink Floyd geschrieben, kam er 1973 zunächst als Single heraus und wurde zu einem weltweiten Erfolg – so wie später das Album *The Dark Side of the Moon,* das sich über fünfzig Millionen Mal verkaufte.

In den frühen Siebzigerjahren versuchte eine ganze Generation junger Leute – auch in der Musik – zu erkunden, wo jene Bruchlinie verlief, die endgültig die Vergangenheit von der Zukunft trennte und die schon jetzt in Politik und Wirtschaft, in den Sitten und Bräuchen und sogar in den zwischenmenschlichen Beziehungen wahrgenommen wurde.

Mit dem Erscheinen von *The Dark Side of the Moon* sollte der Rock nicht mehr derselbe sein. Der Bruch, den die Musiker von Pink Floyd herbeigeführt hatten, war irreparabel. Mit ihm eröffneten sich zahlreiche, bislang noch nie erkundete Wege, die bis dato unvorstellbare Entwicklungen ins Leben rufen sollten.

Wir reden von Rockmusik, aber der Diskurs lässt sich auch auf zahlreiche andere Bereiche ausweiten. In manchen Momenten ändert sich schlagartig alles, ein Gleichgewicht gerät endgültig aus den Fugen, und man ahnt, dass der sich auftuende Riss unvorhersehbare Neuerungen hervorbringt.

Es ging mir ans Herz, als ich kürzlich unter den Lieblingsplatten meiner ältesten Enkel, des elfjährigen Giuliano und der vierzehnjährigen Elena, auch eine Platte von Pink Floyd entdeckte.

Und noch mehr hat mich überrascht, dass sie mit der Gruppe, die meine Jugend geprägt hatte, und ihren fünfzig Jahre alten Stücken wie *Money* oder *Time* bestens vertraut waren. Heutige Jugendliche, die ansonsten Trap hören und selbst über die namhaftesten Rocksänger die Nase rümpfen, weil sie ihnen zu alt sind, schätzen eine Musik, die aus einer Zeit vor der Geburt ihrer Eltern stammt.

Offenbar haben Pink Floyd mit einem tiefgreifenden und deutlichen Bruch einen gewaltigen Sprung geschafft, wie er in den Jahrzehnten danach nie wieder erreicht wurde. Ich muss lächeln bei dem Gedanken an meine Reaktion, wenn mir zwischen 1965 und 1970 ein älterer Herr moderne Musik vorgespielt hätte, die aus seiner Jugend, also aus den Zwanzigern des vergangenen Jahrhunderts, stammte.

Die neuen Kanons, die aus diesem Bruch hervorgingen, treffen den jungen Geschmack gerade deshalb, weil sie nach wie vor verwendet werden. Ähnliches geschah in der Physik zu Beginn des 20. Jahrhunderts. Ein geniales Experiment und eine Reihe von Hypothesen, die dessen Ergebnisse erklären sollten, revolutionierten den Blick auf die Materie und auf die Welt. Aber heute, im Abstand von über einem Jahrhundert, gehen wir immer noch den gleichen Weg, nutzen immer noch die gleichen Kanons. Bis heute haben wir nichts gefunden, was uns besser und aufschlussreicher erklären könnte, wie die innerste Struktur der Materie aussieht.

Teilchenjäger

Im Jahr 1908 entwickelte Lord Ernest Rutherford den Versuchsaufbau, der den Weg zur modernen Teilchenphysik ebnete. Als er die Atome einer hauchdünnen Goldfolie mit positiv geladenen hochenergetischen Teilchen beschoss, stellte er fest, dass ein Teil davon beim Durchqueren des Materials seine Richtung änderte. Und bei seinem Experiment konnte er messen, wie stark die Teilchen abgelenkt wurden.

Zu seiner großen Überraschung entdeckte Rutherford, dass diese Ablenkung häufig ganz erheblich ausfiel und dass einige wenige Teilchen sogar «zurückprallten». Die einzig mögliche Erklärung für dieses merkwürdige Verhalten lautete: Die Atome bestanden aus einem winzigen Kern im Zentrum, in dem die positive elektrische Ladung und die gesamte Masse konzentriert war und der von einer flüchtigen Wolke aus den negativ geladenen Elektronen umhüllt wurde.

Die Nutzung von Teilchen, um die innerste Struktur der Materie zu erforschen, ist die Grundmethode, mit der wir noch heute arbeiten. Als Wissenschaftler 1912 entdeckten, dass ständig ein Strom aus Teilchen aus den Tiefen des Weltraums durch uns hindurchfließt, wurden in den Experimenten die radioaktiven Quellen, die Lord Rutherford verwendet hatte, rasch durch diese kosmische Strahlung ersetzt. Ab den Dreißigerjahren kamen dann die Beschleuniger ins Spiel, und diese Anlagen sollten während der gesamten zweiten Hälfte des 20. Jahrhunderts die Szene beherrschen. Das Ergebnis dieser Arbeit, die sich über ein Jahrhundert hingezogen hatte, ist das Standardmodell der fundamentalen Wechselwirkungen, das den heutigen Stand der Erkenntnis abbildet.

Um zu verstehen, wie unsere Arbeit als Teilchenjäger funktioniert, braucht es zunächst einige Überlegungen zu den Größenverhältnissen dieser winzigen Objekte, die wir untersuchen.

Ein feines Sandkörnchen gehört zu den kleinsten Dingen, die wir noch klar erkennen können. Seine Größe beträgt ungefähr ein zehntel Millimeter (praktischerweise in Zehnerpotenzen ausgedrückt 10^{-1} mm, also 1 mm, dividiert durch 10 oder 10^{-4} m, weil 1 mm ein tausendstel Meter, also 10^{-3} m ist).

Unterhalb dieser Größe können wir mit unseren Augen keinerlei Einzelheiten mehr auseinanderhalten. Wenn wir uns beispielsweise in den Finger stechen und ein kleines Blutströpfchen hervorquellen sehen, können wir unsere Augen noch so sehr anstrengen: Die roten Blutkörperchen, die unserem Blut die charakteristische rote Färbung geben, bleiben für uns unsichtbar. Aber ein gutes Mikroskop bringt die Erythrozyten, wie sie fachsprachlich heißen, bestens zum Vorschein. In hundertfacher Vergrößerung sehen wir scheibenähnliche Strukturen, die auf beiden Seiten eingedellt sind. Sie haben einen Durchmesser von rund 7 tausendstel Millimetern oder millionstel Metern, sogenannten Mikrometern, also 7×10^{-6} m.

Das berüchtigte SARS-CoV-2-Virus ist weitaus kleiner als ein rotes Blutkörperchen. Seine Größe liegt zwischen 60 und 140 Nanometern, also milliardstel Metern oder tausendstel Mikrometern $(60-140) \times 10^{-9}$ m, wenn wir es wieder in Zehnerpotenzen ausdrücken. Auch die leistungsfähigsten optischen Mikroskope können solche Viren nicht zum Vorschein bringen. Sie sind so winzig, dass das Licht an seine inneren Grenzen stößt. Man kann nicht einfach ein stärkeres optisches Mikroskop verwenden, weil hier die Wellenlänge ins Spiel kommt. Diese ist eine Eigenschaft des Lichts und aller Formen von Strahlung, die sich als eine Welle beschreiben lassen. Die minimale Wellenlänge des sichtbaren Lichts liegt bei rund 400 Nanometern. Viel kleinere Strukturen sind mit Lichtmikroskopen folglich nicht mehr zu erkennen. Dazu bräuchte es neuere Techniken oder solche, die sich Quantenphänomene zunutze machen. Im sichtbaren Licht sind keine Einzelheiten mehr unterscheidbar. Was wir sehen, ist ein grobes, unscharfes Bild, das alle Details unterhalb dieser Skala vor uns verbirgt.

Um diese Barriere zu überwinden, müssen wir auf Formen von Strahlung zurückgreifen, die stärker auflösen als sichtbares Licht. Je höher die Energie dieser Strahlung ist, desto geringer ist ihre Wellenlänge und desto besser ihre Fähigkeit, immer winzigere Einzelheiten darzustellen. Auf diesem Prinzip beruhen Elektronenmikroskope, die Untersuchungsobjekte mit Strahlen aus beschleunigten Elektronen «beleuchten». Bei dieser Art «Licht» sind leicht Wellenlängen von einem Nanometer, 10^{-9} m, erreichbar. Aufnahmen von dem Virus zu erstellen, das eine Covid-Erkrankung hervorruft, war damit ein Kinderspiel.

Unterhalb der Skala der Nanometer taucht man in die Welt der Moleküle und Atome ein. Heute können wir sie mit verschiedenen

Techniken sichtbar machen: mit hochentwickelten Elektronen-, Rastertunnel- oder Rasterkraftmikroskopen. Letztere sind spezielle Geräte, die mithilfe einer nanoskopisch feinen Nadel die ultraglattpolierte Oberfläche des zu untersuchenden Materials abtasten. Sie registrieren winzigste Abweichungen der Nadel, wenn sie sich einem Atom nähert, und erstellen so ein Bild der Atomstruktur der Probe.

Mit geeigneten Kniffen lassen sich sogar die kleinsten Atome sichtbar machen, die des Wasserstoffs mit einer Größe von einem Zehntel Nanometer, also 10^{-10} m.

Vielleicht ist damit klarer geworden, mit welchen Problemen die Physiker am Anfang des 20. Jahrhunderts zu kämpfen hatten und wie genial Rutherfords Versuchsaufbau war: Das Atom ist eben ein verdammt winziges Objekt, das sich mit sichtbarem Licht nicht zum Vorschein bringen lässt.

Rutherfords siegreiche Idee bestand darin, als «Licht» Alphastrahlen zu verwenden, eine hochenergetische Form der Strahlung, die durch die natürliche Radioaktivität einiger instabiler Elemente frei wird und die er selbst einige Jahre zuvor entdeckt hatte. Wie wir heute wissen, bestehen Alphastrahlen aus ionisiertem Helium, also aus Heliumkernen oder Heliumatomen ohne ihre Elektronen: Diese sehr schweren geladenen Teilchen regieren heftig mit der Materie. Um ihre vollständige Absorption zu vermeiden, entschied sich Rutherford dafür, eine hauchdünne Goldfolie mit Alphateilchen zu bestrahlen. Weil das Edelmetall zu den geschmeidigsten aller bekannten Substanzen gehört, lassen sich aus ihm feinste Folien herstellen.

Das Ergebnis ließ keinen Raum für Zweifel. Während die erdrückende Mehrheit der Alphateilchen die Goldfolie unbehelligt durchquerte, erfuhr nur ein winziger Bruchteil von ihnen eine Ablenkung in großen Winkeln, und einige prallten sogar zurück. Die einzige plausible Erklärung lautete, dass die positive Ladung der Atome nicht gleichförmig in deren Inneren verteilt, sondern auf eine winzige Region in ihrem Zentrum, im Kern, konzentriert war.

Rutherfords Streuversuch bedeutete das Aus für das sogenannte Rosinenkuchenmodell der Atome, das Joseph John Thomson entwickelt hatte. In ihm war die positive Ladung überall in der kleinen Kugel verteilt, so wie die Rosinen im *plumpudding,* der in England traditionell zu Weihnachten gegessen wird. Wie Rutherford nun zeigte, konzentrierte sich die gesamte Masse und positive Ladung der Atome in deren Kern, der zigtausend Mal kleiner war als das Gesamtvolumen des Atoms. Die Elektronen, die rund zweitausendmal weniger wogen als ein Proton, trugen nur ganz geringfügig zur Atommasse bei.

Zu Beginn des 20. Jahrhunderts war damit klar geworden, dass das Atom, das buchstäblich «unteilbare» Kleinste, in Wahrheit eine innere Struktur hatte. Wenn man es sich als eine winzige Kugel mit einem Durchmesser von 10^{-10} m vorstellt, dann drängt sich sein Kern im Zentrum auf einem verschwindend geringen Raum mit einem Durchmesser von 10^{-14} m zusammen. Beim einfachsten Atom, dem des Wasserstoffs, bestehend aus nur einem Proton, um das ein einziges Elektron herumschwirrt, ist der Kern nur 1 Femtometer, also 10^{-15} m, groß. Diese grundlegende Maßeinheit, die die Größe eines Protons definiert, sollte später zu Ehren des großen Physikers Enrico Fermi dessen Namen tragen: 1 Fermi, abgekürzt fm, entspricht einem Femtometer.

Das Atom besteht also zu einem großen Anteil aus Leere. Würden wir ein Wasserstoffatom auf die Größe eines Fußballstadions aufblasen, hätte der Atomkern im Zentrum gerade einmal die Größe einer Ameise in der Mitte des Spielfeldes, während es vom Elektron auf der Höhe der obersten Ränge umkreist würde.

Die Entdeckung der inneren Struktur der Atome stellte die Physiker in der ersten Hälfte des 20. Jahrhunderts natürlich vor die Frage, woraus die Atomkerne bestanden und vor allem was sie zusammenhielt.

Teilchen, die sich mit anderen Teilchen verbinden

Von Rutherford selbst stammt der Begriff «Proton», eine Anleihe aus dem griechischen Superlativ πρῶτον *(proton)* für «das Erste», «was zuallererst kam». Diese glückliche Intuition wurde von der heutigen Wissenschaft bestätigt, auch wenn die Physiker damals noch glaubten, sie hätten den elementaren Bestandteil, das wahre «Atom» der Materie, gefunden.

Rutherford entdeckte das Proton 1919, als er durch Zufall erstmals eine nukleare Reaktion zündete. Er bombardierte Stickstoff mit den gleichen Alphateilchen, die er genutzt hatte, um der Atomstruktur auf die Schliche zu kommen, und stellte fest, dass dabei Sauerstoffkerne und ionisierte, also elektronenlose Wasserstoffatome, sprich Protonen, emittiert wurden. Damit etablierte sich die Vorstellung von Atomkernen aus positiv geladenen Protonen, die von einer Wolke aus negativ geladenen Elektronen umkreist wurden und das Atom als Ganzes neutral machten.

Während die Physiker zunehmend die innerste Struktur der Materie aufdeckten, tauchten neue ungelöste Probleme und Fragen auf: Was hält die Protonen im Kern zusammen? Die Gesetze des Elektromagnetismus waren gut bekannt: Die Protonen, ausgestattet mit der gleichen positiven Ladung, stoßen sich mit gewaltiger Kraft ab, wenn wir sie auf einen so engen Raum zusammenzudrängen versuchen. Damit stellte sich in neuer Form wieder die *vexata quaestio,* die schon den ersten griechischen Verfechtern der Atomlehre Kopfzerbrechen bereitet hatte: Wenn die Protonen die Atome waren, wie schlossen sie sich dann zusammen? Was verband sie miteinander?

Dann gab es noch ein grundlegendes Problem bei den Elektronen. Sie rasten auf ihren Orbitalen um den Kern herum, und die Gesetze des Elektromagnetismus duldeten keine Ausnahmen: Wenn sich eine Ladung kreisförmig bewegt, emittiert sie zwangsläufig Photonen und strahlt so Energie ab. Aber wenn die Elektronen

Energie verlieren würden, müssten sich ihre Orbitale zunehmend verkleinern, sodass sie schließlich auf den Kern «stürzten». Sie würden mit den Protonen verschmelzen und deren Ladung neutralisieren. Das Atom würde kollabieren. Kurzum, wenn dieses Atommodell richtig wäre, würde die Materie – jedes aus Atomen zusammengesetzte Material – im ersten Augenblick der Entstehung sofort wieder verschwinden. Ganz offensichtlich wurde dies durch etwas Gewaltiges verhindert, von dem die damaligen Wissenschaftler keine Ahnung hatten.

Noch komplizierter wurde die Sache 1932, als der englische Physiker James Chadwick das Neutron entdeckte. Wieder hatte Rutherford die Hand im Spiel. Er hatte 1920 die Hypothese aufgestellt, dass sich im Atomkern neben den Protonen auch andere, neutrale Teilchen verbergen müssten. Diese Neutronen sollten den Protonen in jedweder Hinsicht gleichen, aber keine elektrische Ladung tragen und etwas schwerer sein. Auf diese Art ließ sich erklären, wieso die Atome eines Elements zwar immer die gleiche Ordnungszahl, also die gleiche Kernladung hatten, sich aber im Gewicht unterscheiden konnten.

Chadwick machte sich an die Arbeit und hatte Erfolg. Als er eine Platte aus Beryllium mit Alphateilchen beschoss, konnte er nachweisen, dass die dabei emittierten Teilchen alle Eigenschaften des Neutrons aufwiesen. An diesem Punkt ließ sich mithilfe der Protonen, Neutronen und Elektronen als Grundbausteine Mendelejews Periodensystem überzeugend erklären. Das einfachste Element mit der Ordnungszahl 1 war der Wasserstoff, bestehend aus einem Proton und einem Elektron. Bei der Ordnungszahl 2 erhielt man Helium, dessen Eigenschaften sich aus der Annahme ergaben, dass zwei Elektronen um ein verbundenes Paar Protonen kreisten, die im Kern an zwei Neutronen gebunden waren. Dann folgte das Lithium mit der Ordnungszahl 3, bestehend aus drei Protonen und vier Neutronen als dem Kern, der von drei Elektronen umkreist wurde, und so weiter.

Die Entdeckung des Neutrons machte es allerdings noch schwieriger nachzuvollziehen, was die Atomkerne zusammenhielt.

Es brauchte eine Erklärung, wie Protonen und Neutronen es schafften, auf diesem winzigen Raum beisammenzubleiben. Eine neue Kraft musste gefunden werden, die der elektromagnetischen Abstoßung mit deutlich größerer Stärke entgegenwirkte, sodass sie auch noch die ungeladenen Neutronen im Kern zusammengedrängt halten konnte. Und außerhalb des Kerns musste sich ihre Wirkung sofort verlieren. Schon sehr bald verdichteten sich die Hinweise darauf, dass auf nuklearer Skala tatsächlich die stärkste aller Kräfte wirkte. Aber bis das Geschehen in den Atomkernen richtig verstanden wurde, dauerte es noch viele Jahrzehnte.

Noch komplexer wurde das Problem durch die Entdeckung einer völlig neuen Kraft, die nur in der subatomaren Welt wirkte: die schwache Wechselwirkung. Viele Jahre hatte niemand eine Erklärung für den radioaktiven Zerfall gehabt, bei dem sich einige instabile Elemente in andere verwandelten und dabei Betastrahlen, also Elektronen emittierten. Dann präsentierte der junge Enrico Fermi seine Hypothese: Hinter dem Betazerfall verbarg sich eine neue fundamentale Wechselwirkung. Dass sie bis dahin unentdeckt geblieben war, verdankte sie ihrer Schwäche – sie ist hunderttausendmal schwächer als die elektromagnetische – und ihrer winzigen Reichweite, die sich nur auf die verschwindend kleine Welt der nuklearen Abstände erstreckt. Sie ist zu schwach, um Materie zusammenhalten zu können, spielt aber bei deren Umwandlung, bei deren Zerfall, eine wichtige Rolle.

Als Fermi seine revolutionäre Theorie vorschlug, ging er von einer möglichen Analogie zwischen der schwachen und der elektromagnetischen Kraft aus und ebnete so den Weg zu einer dritten großen Vereinheitlichung der Kräfte: der zwischen der elektromagnetischen und der schwachen Wechselwirkung, die in der zweiten Hälfte des 20. Jahrhunderts nachgewiesen werden sollte. Als die gesamte wissenschaftliche Gemeinschaft nach anfänglicher Skepsis die sogenannte Fermi-Wechselwirkung sehr ernst nahm, standen die Physiker vor einer doppelten Herausforderung: Einerseits mussten sie der monströsen Kraft auf den Grund zu kommen versuchen, die den Kern zusammenhielt, und andererseits aufdecken, woher diese zweite Kraft rührte, die einige Bestandteile von ihm zerfallen ließ.

Es dauerte fast fünfzig Jahre, bis die Teilchen identifiziert wurden, die für diese neue Wechselwirkung verantwortlich waren. Bei der Aufklärung setzten die Wissenschaftler zunächst die kosmische Strahlung ein und entwickelten dann die gewaltigen Teilchenbeschleuniger, die wir noch heute benutzen.

Erst in der zweiten Hälfte des 20. Jahrhunderts wurde es möglich, richtig nachzuvollziehen, woraus Atome bestanden und wie sich diese neue Kraft verhielt, die die Kerne zusammenhielt, doch bis dahin wartete noch so manche Überraschung. Denn wie entdeckt wurde, sind auch Protonen und Neutronen keine Elementarteilchen, sondern bestehen ihrerseits aus weiteren, noch kleineren und extravaganteren Bausteinen.

Die unwiderstehliche Kraft des Eros

«Siehe, vor allem zuerst ward Chaos; aber nach diesem / Ward die gebreitete Erd', ein dauernder Sitz den gesamten / Ewigen, welche bewohnen die Höhn des beschneiten Olympos, / Tartaros' Graun auch im Schoße des weitumwanderten Erdreichs, / Eros zugleich, der, geschmückt vor den Ewigen allen mit Schönheit, / Sanft auflösend, den Menschen gesamt und den ewigen Göttern / Bändiget tief im Busen den Geist und bedachtsamen Ratschluss» (Hesiod, *Theogonie,* Verse 113–119).

Es sagt doch sehr viel, dass Eros in einem der ersten großen dichterischen Werke der griechischen Antike, in Hesiods *Theogonie* aus dem 8. Jahrhundert v. Chr., als eine Urgottheit auftritt. Der Gott der Liebe ist älter als Zeus und die bekanntesten Götter des Olymps, ja sogar älter als die schwarze Nacht, als Uranos, der Himmel oder der uferlose Ozean. Mit der Kraft des Eros erklärt Hesiod die Anziehung zwischen verschiedenen Gottheiten, die Macht der Liebe, die Verbindung und Mischung herstellt und Neues erzeugt.

Eros steht für etwas Unwiderstehliches, das aus der Ferne agierend den Verlauf der Geschicke der Menschen und sogar der Götter dramatisch verändert.

Mit einem Sprung über mehr als zweitausend Jahre hinweg lassen sich Hesiods Verse mit dem hochberühmten Elfsilbler in Verbindung bringen, der am Ende des letzten Gesangs des Paradieses die *Göttliche Komödie* beschließt: «Die Liebe, die beweget Sonn' und Sterne.»

Hier verbindet sich dichterischer Glanz mit philosophischer und theologischer Präzision. Dante beschreibt den vollkommenen, ewigen und unveränderlichen materiellen Mechanismus, der das gesamte Universum mit Leben erfüllt, dieses wunderbare System aus konzentrischen Sphären, das er soeben bewundert und dabei sogar Gott geschaut hat. Und dazu greift er auf den Begriff der «Liebe» zurück, als etwas Strahlendes, das vom ersten reglosen Beweger ausgeht.

Auch wenn keine Theorie der modernen Wissenschaft mit der Schönheit, der Strenge und dem Glanz dieser Dichtung konkurrieren kann, so fasziniert doch, mit welch durchschlagender Kraft diese Idee einer Fernwirkung die Geschichte der Physik beeinflusste, seitdem nach einer Erklärung für die Wechselwirkung zwischen materiellen Körpern gesucht wurde.

Isaac Newton formulierte als einer der ersten in der neuzeitlichen Wissenschaft eine Theorie der Kräfte, die eine Wirkung aus der Ferne einschloss. Bis 1687, als er die *Principia,* sein berühmtestes Buch, veröffentlichte, hatte unter den Gelehrten das Vorurteil geherrscht, dass sich zwei Körper berühren müssten, damit zwischen ihnen eine Kraft übertragen werden konnte: zwischen der Hand und dem Stein beim Wurf, dem Pferd und der gezogenen Kutsche oder dem Gewicht und der an der Decke hängenden Zugfeder.

Als Newton die Bewegung der Planeten erforschte und dabei die Gesetze zu erklären versuchte, die ihre Umläufe regierten, gelangte er zu der Schlussfolgerung, dass zwischen den Himmelskörpern trotz ihrer Entfernung zueinander eine Anziehungskraft wirkte – nach dem berühmten Gesetz der universellen Gravitation: Die Anziehungskraft zweier Körper ist proportional zum Produkt ihrer beiden Massen und umgekehrt proportional zum Quadrat ihres Abstands zueinander. Erstmals kam in der Physik ein Konzept ins Spiel, das eigentlich nur in Aberglauben und Astrologie einen Platz hätte haben dürfen: Die Himmelskörper übten über große Entfernung hinweg Einfluss auf Naturerscheinungen aus. Wie behauptet wurde, habe Newton sein berühmtestes Gesetz nur deshalb formulieren können, weil er ein überzeugter Anhänger der Astrologie gewesen sei. Paradoxerweise sei er wegen des Glaubens an eine Irrlehre auf ein Grundgesetz der Physik gestoßen.

Newtons Entdeckung ist umso wichtiger, als es sich bei ihr um die erste Vereinheitlichung von zwei Naturkräften handelt, die bis dato als verschieden und unabhängig voneinander gegolten hatten. Hinter der fiktiven Anekdote vom Apfel, der ihm auf den Kopf gefallen sei, verbirgt sich eine außergewöhnliche wissenschaftliche Erkenntnis: Die Kraft, die die Frucht vom Ast löst und sie auf den Boden zieht, ist dieselbe, die den Mond auf seiner Umlaufbahn um die Erde hält. Die irdische Schwerkraft und die am Himmel wirkende Gravitation sind nur zwei unterschiedliche Betrachtungsweisen desselben Phänomens. Und mit seinem Gravitationsgesetz schlägt Newton ein neues Kapitel in der Geschichte der Physik auf, das weitere Entwicklungen einleitet. Die Quelle dieser Kraft ist die Masse. Sie ist eine Eigenschaft der Materie, aus der die Körper bestehen. Als Trägerin der Schwerkraft kann sie jeden anderen Körper im Universum anziehen und mit jeder anderen Masse in Wechselwirkung treten.

Dieser moderne Ansatz wird zweihundert Jahre später, gegen Ende des 19. Jahrhunderts, zurückkehren, als Wissenschaftler den elektrischen und den magnetischen Phänomenen auf den Grund gehen. Die Gesetze des Elektromagnetismus, die unter anderem von Coulomb, Faraday und Maxwell entwickelt werden, führen zu einer weiteren bedeutenden Vereinheitlichung: Die elektrischen und die magnetischen Phänomene, die auf unterschiedliche und voneinander unabhängige Naturkräfte zurückgeführt wurden, sind in Wahrheit zwei verschiedene Erscheinungsformen derselben Wechselwirkung: des Elektromagnetismus. Die Quelle dieser neuen Kräfte, die über Entfernungen hinweg wirken, ist die sogenannte elektrische Ladung. Und wie sich herausstellt, tritt sie in der Natur auf zwei verschiedene Arten auf, die per Konvention als «positiv» und «negativ» bezeichnet werden. Ladungen mit gleichem Vorzeichen stoßen sich ab, während sich solche mit entgegengesetztem Vorzeichen anziehen.

Um die globalen Effekte von Ladungen im Ruhezustand oder in Bewegung genauer zu beschreiben, wird das Konzept des Kraftfelds entwickelt, wobei diese neuen Eigenschaften dem Raum als Ganzem zugesprochen werden. Wie schließlich entdeckt wird, können elektromagnetische Felder Wellen übertragen. Damit wird es ziemlich einfach, Wellen zu erzeugen und sie mit ihrer Übertragung über Entfernungen hinweg zur Kommunikation zu nutzen. Daraufhin folgt die Entdeckung, dass das Licht und die optischen Phänomene nichts anderes sind als weitere Erscheinungsformen dieser neuen Wechselwirkung.

Die ausformulierten Gesetze des Elektromagnetismus führen uns direkt zur modernen Physik, weil aus der Beschäftigung mit einigen ihrer Paradoxe die Spezielle Relativitätstheorie und die Quantenmechanik hervorgingen. In der Welt der verschwindend geringen Abstände, in denen Elektronen um ihren Kern kreisen, wird diese neue Betrachtungsweise der Materie unangefochten zur vorherrschenden Methode.

Ein Elektron auf eine Geschwindigkeit nahe der des Lichts zu beschleunigen, ist ein Kinderspiel. Weil es elektrisch geladen ist, muss es nur in einem Vakuum einem starken elektrischen Feld ausgesetzt werden, und schon flitzt es mit rasanter Geschwindigkeit davon. Die Gesetze, die das schier unendlich Kleine regieren, rufen bei derart winzigen und leichten Objekten ungewohnte Verhaltensweisen hervor, die, gelinde gesagt, bizarr erscheinen. Ob der Zustand eines Systems, ob Raum und Zeit oder Masse und Energie – in der Welt der atomaren und subatomaren Teilchen zeigt sich alles von seiner extravaganten Seite.

Das Grundkonzept der Quantenmechanik besteht darin, dass Elementarteilchen untereinander Energie nicht als einen kontinuierlichen Strom, sondern nur in Paketen, kleinen diskreten Mengen, austauschen können. Diese bezeichnen wir nach dem lateinischen Begriff für «Menge» als *Quanten*. Aus ebendiesem Grund können die Elektronen auf ihren kreisförmigen Orbitalbahnen die Kerne irgendwie unbeschadet umrunden. Sie können über Strahlung keine Energie abgeben, weil diese unterhalb der Schwelle des minimal Zulässigen läge, und bleiben so mühelos im Orbital, ohne die Materie kollabieren zu lassen. Dieses Detail mag völlig unbedeutend erscheinen, liefert aber gerade die Erklärung dafür, dass die Atome und ein Großteil der Materie in unserem Universum stabil sind.

Im griechischen Mythos sind es die von Eros aus der Ferne verschossenen Pfeile, die die unwiderstehliche Anziehung zwischen Menschen und Göttern bewirken. In der Welt der heutigen Physik stellen die von einem Winkel des Universums zum anderen sausenden Quanten zwischen allen möglichen Teilchen eine Verbindung her.

Das Reich der schüchternsten und verschämtesten Teilchen

Jede Kraft wird über ein Teilchen vermittelt, das sie transportiert: über das *Quant* der Wechselwirkung. Beim Elektromagnetismus übernimmt dies das *Photon,* das Lichtteilchen. Die Wirkung einer Kraft erhält eine vollständig neue Erklärung. Die elastische Abstoßung zwischen zwei Elektronen, die auseinanderstreben, weil beide negativ geladen sind, wird beispielsweise so beschrieben: Das eine emittiert ein Photon und wird dadurch zu einer Seite abgelenkt, während das andere dieses Photon absorbiert und zur anderen Seite abgelenkt wird. Durch diese Wechselwirkung streben die beiden Elektronen auseinander.

Alles fügt sich, obwohl wir offenbar ein Grundgesetz der Physik verletzt haben: den Energieerhaltungssatz. Das emittierte Photon transportiert eine gewisse Menge an Energie, und während seiner Reise zu dem Elektron, das es absorbieren wird, enthält das System über einen gewissen Zeitraum mehr Energie als im Ursprungszustand. In der klassischen Mechanik wäre dies unmöglich, aber die Quantenmechanik folgt ihren eigenen Gesetzen. Für sie ist diese Verletzung, vorausgesetzt, dass sie nur für kürzeste Zeit stattfindet, durch die Unschärferelation geregelt.

Das eherne Gesetz, das die Welt der Quanten regiert, wurde von dem deutschen Physiker Werner Heisenberg in einem Artikel aus dem Jahr 1927 dargelegt. Seither ist es niemandem gelungen, einen Prozess zu finden, der dagegen verstößt. Es wurde zu einer Art Axiom der Quantenmechanik, eng verbunden mit der kontinuierlichen Fluktuation der Quantenzustände, die die Welt der kleinsten Größen kennzeichnen. In unserem besonderen Fall sagt die Unschärferelation: Je größer die transportierte Energie ist, je schwerwiegender also der Energieerhaltungssatz verletzt wird, desto kürzer muss das Zeitintervall sein, in dem dies geschieht. Daraus ergibt sich eine enge Beziehung zwischen der Reichweite der Kraft und der Masse des Quants, das sie transportiert.

Weil kein Kraftquant weniger Energie tragen kann, als seiner Masse entspricht, kann sich die elektromagnetische Wechselwirkung, vermittelt durch die Photonen, Teilchen mit der Masse null, unendlich weit ausbreiten. Jedes beliebige geladene Teilchen wechselwirkt mit allen anderen geladenen Teilchen im gesamten Universum, wo auch immer sie verteilt sind.

Auf die schwache Wechselwirkung angewandt, zeigten hingegen die gleichen Argumente, dass das Quant dieser Kraft, dessen Effekte auf Abstände im subnuklearen Bereich beschränkt sind, extrem massereich sein musste. Als Mitte der Sechzigerjahre eine kohärente Theorie der schwachen Wechselwirkung formuliert wurde, stellte sich heraus, dass die Träger dieser Kraft, die sogenannten W- und Z-Bosonen, eine gewaltige Masse haben mussten, das Achtzig- beziehungsweise Neunzigfache von der eines Wasserstoffatoms.

Deswegen erlahmt die schwache Kraft, schon lange bevor sie die Grenzen des Atomkerns erreicht hat. Angesichts einer so geringen Reichweite wundert es nicht, dass die Menschheit erst nach Jahrtausenden auf sie aufmerksam wurde.

Die Konstruktion großer Teilchenbeschleuniger ermöglichte eine Rekonstruktion dessen, was sich im Inneren des Atomkerns abspielt. Die Hypothese, dass es eine «starke» Kraft geben müsse, die die elektromagnetische um mindestens das Hundertfache an Stärke übertraf, war schon lange zuvor ausgearbeitet worden. Zu ihren ersten Vertretern gehörten einmal mehr Heisenberg und Ettore Majorana, ein brillanter junger Mitarbeiter Enrico Fermis, aber die richtigen Antworten konnten allein Experimente liefern. Um die subnuklearen Abstände zu untersuchen und «sichtbar zu machen», was in den Kernen wirklich geschah, brauchte es Teilchenbeschleuniger.

Elektronen sind so leicht, dass sie sich ziemlich problemlos auf Geschwindigkeiten beschleunigen lassen, die von der des Lichts nicht zu unterscheiden sind. Der Trick besteht darin, sie mithilfe positiver elektrischer Felder durch ein Vakuum zu jagen, das möglichst vollständig sein muss, weil sie bei jeder Art Kollision Energie verlieren würden. Die wirkungsvollste Lösung ist eine Anlage in Form eines Schwimmrings, in der sich die Elektronen auf Kreisbahnen bewegen. Darin passieren sie mehrfach das beschleunigende elektrische Feld und gewinnen bei jedem Durchgang weitere Energie. Mit geeigneten Magnetfeldern werden sie durch Ablenkung auf ihre Kreisbahnen gezwungen, dann extrahiert und zur Kollision auf ihr Ziel gelenkt. Mit ringsherum installierten Detektoren lässt sich ermitteln, welche Art Teilchen aus der Kollision hervorgehen und welche Eigenschaften diese besitzen.

Das Geheimnis besteht in der Nutzung der relativistischen Massenzunahme: Je stärker sich das Elektron der Lichtgeschwindigkeit annähert, desto geringfügiger erhöht die beschleunigende Kraft seine Geschwindigkeit und vergrößert stattdessen seine Masse. Weil c ein Grenzwert ist, kann die Energie, die das elektromagnetische Feld an das Elektron abgibt, dessen Geschwindigkeit immer schlechter erhöhen und fließt in eine Vergrößerung seiner Masse.

Hochenergetische Elektronen, die mit annähernder Lichtgeschwindigkeit dahinflitzen, können mühelos in den Atomkern einschlagen. Dank solcher Kollisionen, die seit den Sechzigerjahren des vergangenen Jahrhunderts erfolgreich herbeigeführt wurden, konnte dessen Struktur im Einzelnen aufgeklärt werden. Ähnlich wie bei Rutherford zeigte die Untersuchung der Winkelverteilung der Elektronen, die durch die Kollision abgelenkt wurden, dass die Masse in den Protonen oder Neutronen nicht gleichförmig verteilt, sondern auf wenige Punkte konzentriert war. Also setzten sich auch Protonen und Neutronen aus weiteren Elementarteilchen zusammen, und die verhielten sich so bizarr, dass sie passend dazu den ulkigen Namen *Quarks* erhielten.

Dank der Forschungen in der zweiten Hälfte des 20. Jahrhunderts wurden die Eigenschaften der Quarks ermittelt und alle Einzelheiten zum Verhalten der starken und der schwachen Kraft aufgeklärt, mit der diese untereinander wechselwirken.

Quarks haben eine gebrochene elektrische Ladung von 1/3 oder 2/3 und besitzen zudem eine *starke* und eine *schwache Ladung*. Als die einzigen Teilchen können sie vermittels sämtlicher Naturkräfte untereinander wechselwirken. Die starke Ladung, auch als *Farbladung* bezeichnet, wird von *Gluonen* getragen, «Klebeteilchen», abgeleitet von englisch *glue* für «Kleber». Sie besitzen die Fähigkeit, Quarks miteinander zu verbinden. Durch den Austausch von Gluonen sind Quarks einer heftigen Anziehung ausgesetzt, die über jedwede elektrostatische Abstoßung obsiegt.

Im Proton hüpfen die Quarks wie ultraleichte Spatzen umher, die in diesem winzigen Raum von einem Punkt zum anderen zu flattern scheinen. Obwohl sie sich an dem äußerst starken Kleber verfangen haben, sind sie immer noch höchst agil.

Die starke Kraft hat ganz besondere Eigenschaften. Gluonen haben die Masse null und sind elektrisch neutral, besitzen aber auch starke Kraft, sodass sie mit anderen Gluonen und sogar mit sich selbst wechselwirken können. Das macht das Ganze recht kompliziert. Weil sie wie Photonen masselos sind, müssten sie theoretisch einen unendlichen Aktionsradius haben. Aber Gluonen, die von einem Quark emittiert werden, verbinden sich im Gegensatz zu Photonen fest mit allem in ihrem Umfeld, das eine starke Ladung besitzt. Daraus ergibt sich ein völlig ungewohntes Verhalten. Beim Elektromagnetismus schwächt sich die Kraft, mit der sich zwei Ladungen anziehen oder abstoßen, mit zunehmendem Abstand zwischen den beiden ab. Bei der starken Kraft geschieht das Gegenteil: Die starke Kraft nimmt mit zunehmender Entfernung zwischen den beiden Quarks zu, gerade so, als seien sie durch eine extrem kräftige Zugfeder miteinander verbunden.

Deswegen können Quarks nicht allein existieren, sondern immer nur in Verbindung mit anderen Quarks. Wenn man sie zu trennen versucht, verdichtet sich das Feld der starken Kraft in einer Art länger werdender Röhre immer stärker, um die Bindung um jeden Preis aufrechtzuerhalten. Die Energie des Feldes wächst mit zunehmender Entfernung, und wenn die Bindung schließlich doch reißt, verwandelt sich die frei gewordene Energie in weitere Quarks, die mit den frei gewordenen sofort eine neue Bindung eingehen. Dadurch liegt die Reichweite der starken Kraft bei nur 10^{-15} m, der Größe eines Protons.

Die Quarks, elementare Bestandteile der Materie, verhalten sich so, als seien sie außergewöhnlich schüchtern, wie besonders verschämte Teilchen, die unter keinen Umständen *nackt* gesehen werden wollen. Wenn es gelingt, ein Proton zu spalten, sieht man denn auch nie, dass aus der Kollision freie Quarks hervorgehen. Kaum sind die Bindungen mit den anderen Quarks des Protons aufgebrochen, haben sie sich *«wieder angekleidet»*. Durch die Kollision gestört, hat das starke Feld neue Quarks erzeugt, die sich mit den vormals bestehenden zu neuen Teilchen verbunden haben.

Ob auch Quarks und Gluonen eine innere Struktur haben könnten, ist eine noch offene Frage. Die bislang durchgeführten Untersuchungen deuten jedenfalls darauf hin, dass es sich um punktförmige Teilchen handelt. Ihre Größe liegt bei unter 10^{-19} m.

Fünf kleine Phänomene

Die innerste Struktur der Materie lässt sich dank der Rollenverteilung, die zwischen den Grundkräften der Physik herrscht, ziemlich einfach beschreiben. Die Gravitation, die Schwerkraft, die die Materie auf großer Skala beherrscht und die Sterne, Planeten und große Galaxien zusammenhält, erweist sich in ihrer Stärke als völlig bedeutungslos, wenn man ihren Wert für mikroskopische Objekte berechnet. Um die Verhältnisse im Inneren von Atomen oder Atomkernen zu beschreiben, kann man die gravitative Anziehung vollständig außer Acht lassen.

Dass Atome und Moleküle zusammenhalten und sich miteinander verbinden, ist der elektromagnetischen Wechselwirkung zu verdanken. Die schwache Kernkraft hat eine zu geringe Reichweite, um bei Objekten dieser Größenordnung eine Rolle zu spielen. Die Atomkerne und ihre Bestandteile, Protonen und Neutronen, werden vielmehr von der starken Kraft zusammengehalten, ausgehend von ihren Grundbausteinen, den Quarks.

Diese hierarchische Organisation der Materie ermöglicht uns wichtige Aufschlüsse über die uns umgebenden Körper, auch wenn wir dabei viele Einzelheiten zu ihrem inneren Aufbau vernachlässigen. So wie die Quarks bedeutungslos sind, wenn wir die dreidimensionale Struktur von Viren verstehen wollen, lenken auch die Atome nur ab, wenn berechnet werden soll, in welchem Winkel und mit welcher Kraft ein Basketball geworfen werden muss, damit er im Korb landet.

Gewöhnliche Materie besteht auf mikroskopischer Ebene aus ganz wenigen elementaren Bausteinen: aus drei Materieteilchen – dem Elektron sowie den zwei leichtesten Quarks, *up* und *down* – und zwei Trägerteilchen: dem Photon, das die elektromagnetische Kraft vermittelt und auf alle drei Materieteilchen einwirkt, und dem Gluon, das die starke Kraft trägt und mit den – mit starker Ladung ausgestatteten – Quarks wechselwirkt. Dagegen ignoriert es die Elektronen, weil sie keine starke Ladung haben.

Wie zu ersehen, können wir schon anhand ganz weniger Bausteine eine gewaltige Vielfalt an materiellen Strukturen erklären. Wenn wir zwei *Up-Quarks* mit jeweils der Ladung +2/3 und ein *Down-Quark* mit der Ladung -1/3 kombinieren, erhalten wir ein Proton, das die Ladung +1 besitzt. Verbinden wir dagegen zwei Down-Quarks und ein Up-Quark miteinander, entsteht ein Neutron mit der Ladung null. Die Quarks, aus denen Neutronen und Protonen bestehen, tauschen ständig untereinander Gluonen aus, und die daraus hervorgehende Anziehung ist um Klassen stärker als die elektrostatische Abstoßung zwischen Quarks, die Ladungen mit gleichem Vorzeichen haben.

Protonen und Neutronen haben mit 10^{-15} m eine gewaltige Größe, wenn man sie mit den mindestens zehntausendmal kleineren Quarks vergleicht. Kurzum, die Geschichte scheint sich zu wiederholen: Auch die Bestandteile der scheinbar so kompakten Atomkerne bestehen hauptsächlich aus Leere. Aber dieses Vakuum wird von der starken Kraft durchwirkt, die um Klassen stärker ist als jedes andere Klebematerial. Die drei winzigen Quarks wogen beständig in einem tosenden Meer aus Gluonen.

Die starke Kraft zwischen Quarks und Gluonen wirkt so intensiv, dass sie mit ihrer Anziehung auch für den Zusammenhalt dicht beieinanderliegender Protonen und Neutronen sorgt. Was diese aus mehreren Protonen und Neutronen bestehenden Kerne zusammenhält, ist ein geringfügiger Überschuss der starken Kraft, die in ihrem Inneren die Quarks und Gluonen zusammenschweißt.

Die Protonen und Neutronen in einem Atomkern bewegen sich unablässig, sie vibrieren und schwingen beständig in einer Unruhe, die die Stärke ihres Zusammenhalts verringert, besonders die in schwereren Atomkernen. Selbst wenn gewaltige Kräfte beteiligt sind, ähnelt das Verhalten des Kernmaterials in gewisser Hinsicht dem einer Flüssigkeit mit hoher Dichte. Und wie jede Flüssigkeit lässt es sich nur schwer noch stärker komprimieren.

Kombiniert man Protonen und Neutronen in unterschiedlicher Anzahl miteinander, erhält man die Atomkerne der verschiedenen Elemente. Wenn man um diese Kerne Wolken aus Elektronen, verteilt in Schalen, den *Orbitalen,* kreisen lässt, erhält man die entsprechenden Atome, zusammengehalten von der elektromagnetischen Kraft. Atome, die gemeinsame Außenelektronen haben, verbinden sich zu einem Molekül, einem Zusammenschluss von Atomen, den die elektromagnetische Kraft aufrechterhält. Ein kleines Übergreifen der Kraft, die die Atome und Moleküle innerlich zusammenhält, genügt, um zwischen ihnen eine schwache elektromagnetische Wechselwirkung wie die Van-der-Waals-Kräfte auszulösen.

Wie oft zu hören ist, soll die moderne Wissenschaft bestätigt haben, was die bedeutenden griechischen Gelehrten bereits geahnt hatten: Leukipp, Demokrit und Epikur. Auch wenn diese Behauptung ein Körnchen Wahrheit enthält, ist doch hervorzuheben, dass zwischen der antiken Atomlehre und der modernen Elementarteilchenphysik grundlegende Unterschiede bestehen.

Zu nennen ist hier vor allem die entscheidende Rolle, die in unserem Standardmodell die Kräfte vermittelnden Teilchen spielen. Sie lösen auf überraschende Weise das Problem, wie es zu Zusammenschlüssen zwischen den «Atomen» kommt. Diese Frage hatte den Philosophen und Gelehrten über Jahrtausende Kopfzerbrechen bereitet.

Und was die Eigenschaften der Elementarteilchen, ihr Verhalten und, wie noch zu sehen, das Vakuum angeht, in dem sie sich ausbreiten, so haben wir es hier mit einer ganz anderen Geschichte zu tun. Sie ist so merkwürdig und neuartig, dass selbst die phantasiebegabtesten großen Denker der Antike sie sich niemals hätten vorstellen können.

Das werden wir in den nächsten Kapiteln sehen.

4.

Wolken, weiches Material und die letzten Schamanen

Das Kunsthistorische Museum in Wien verwahrt unzählige Meisterwerke. Das gewaltige Bauwerk nahe der Hofburg, der Residenz der Habsburger, beherbergt eine Sammlung wunderbarer Gemälde Raffaels, Tizians, Rembrandts, Vermeers und anderer. Inmitten von so viel Schönheit besteht immer die Gefahr, dass Werke, die ebenso viel Bewunderung verdienen, schlichtweg übersehen werden, weil sie etwas abgelegen ausgestellt sind. *Jupiter und Io,* ein Ölgemälde von Correggio, hängt in einem langen Seitenkorridor, abseits vom Rundweg durch die großen Säle, lässt aber keinen vorbeikommenden Besucher unberührt. Alle, Groß wie Klein, bleiben vor ihm stehen, weil sein Sujet allzu sehr fesselt und mit unglaublicher Meisterhaftigkeit ausgeführt ist.

Wie es im 16. Jahrhundert häufig vorkam – der bekannteste Fall ist Caravaggio, der in Wahrheit Michelangelo Merisi hieß –, wurde auch Antonio Allegri von seinen Zeitgenossen nach seiner Geburtsstadt, Correggio bei Reggio Emilia, benannt. Er hatte die Kirche San Giovanni Evangelista in Parma mit Fresken ausgeschmückt und sich dabei mit ausgeklügelten Lösungen in seiner Region einen ziemlich guten Ruf erworben.

Die *Himmelfahrt Christi unter den Aposteln* löste Staunen und Bewunderung aus. Eine der größeren Herausforderungen für damalige Künstler war die Darstellung der Wolken, die Correggio mit nie da gewesener Meisterhaftigkeit bewältigt hatte. Die Apostel und

Engel, die die Figur des auffahrenden Christus umkränzen, sitzen in schwebender Leichtigkeit auf Zipfeln transparenter Wolken, die von Lichtstrahlen durchbohrt werden.

Der Erfolg des Werks brachte Correggio einen weiteren bedeutenden Auftrag ein – diesmal für den Dom von Parma –, öffnete ihm vor allem aber auch die Tore von Mantua. Federico II. Gonzaga holte ihn zur Arbeit an seinen Hof, eine bei den Künstlern der Zeit besonders begehrte Residenz.

Federicos Mutter, die einflussreiche Isabella d'Este, die zu den bedeutendsten Frauen der Renaissance zählte, hatte Mantua in eine Hauptstadt der Künste und der Schönheit verwandelt. An ihrem Hof hatten Raffael, Mantegna und Tizian sowie Leonardo da Vinci gewirkt, der die Markgräfin denn auch in einem hervorragenden Porträt verewigt hatte. Die Zeichnung mit Kohlestift, Rötel und Pastellgelb, heute im Louvre, gehört zu den gelungensten überhaupt.

Für Correggio kam der Ruf nach Mantua dem großen Sprung in den Kreis der bedeutendsten Maler gleich. Federico II. beauftragte ihn, die Liebschaften Jupiters darzustellen, wobei er sich von Ovids berühmtestem Werk, den *Metamorphosen,* inspirieren lassen sollte.

In dem in Wien ausgestellten Gemälde stellt Correggio die Liebe des Göttervaters zu Io dar, einer schönen Priesterin der Juno, in die sich Jupiter im Mythos wie immer Hals über Kopf verliebt. Um sich der Überwachung durch seine rachsüchtige Gemahlin zu entziehen, lässt der Herr des Olymp über dem Wäldchen, in dem sich die junge Frau aufhält, einen Nebel herabsteigen, um sich in dessen Schutz mit ihr zu vereinen.

Correggio interpretierte den Nebel in Ovids Gedicht als eine Verwandlung Jupiters in eine Wolke und verwirklichte so dieses ganz erstaunliche Werk, das den magischen und unfasslichen Beischlaf einer schönen Jungfrau mit einer dunklen Wolke darstellt. Jupiter ist vage mit dem Gesicht eines verführerischen Liebhabers skizziert, der sich über seine Geliebte beugt. Sie empfängt ihn mit halbgeschlossenen Lippen, während er sie mit einem massigen rechten Arm an der Lende umschlingt. Aus Ios weißem geschmeidigem Körper, der von hinten bei der Umarmung durch die Wolke dargestellt ist, spricht eine totale, allumfassende Hingabe. Wie in eine Ellipse eingeschrieben, umschlingen der linke Arm und das rechte Bein der jungen Frau den mächtigsten aller Götter, der sich in ein flüchtiges Gebilde aufgelöst hat, um sich überall einschleichen zu können.

Jupiter und Io ist eines der letzten Werke Correggios, ein die Schönheit zelebrierendes Meisterwerk, das offenbart, wie fantastisch der emilianische Künstler die Ausdrucksmittel der Malerei beherrschte. Die erotische Hingabe der jungen Priesterin an ihren ebenso mächtigen wie ungreifbaren Liebhaber hat sich einen Platz im kollektiven Gedächtnis erobert.

Zustände der Materie

Warum können wir Sterblichen uns nicht in Wolken verwandeln? Wenn wir uns plötzlich in etwas Luftiges und Dünnes auflösen könnten, würden sich uns endlose Möglichkeiten eröffnen. Nicht nur die, uns wie Jupiter bei amourösen Abenteuern unbemerkt bei Geliebten einzuschleichen und bei Gefahr im Nu wieder zu verschwinden. Diebstähle zu verhüten würde sicherlich komplizierter, und die Wertsachen in den Tresorräumen von Banken wären kaum noch sicher. Aber wenn wir diese Superkraft besäßen, könnten wir sie auch besser einsetzen: zum Beispiel, um zu verhindern, dass wir uns alle Knochen brechen, wenn wir eine Treppe hinabpurzeln oder von einem Gerüst fallen. Oder um einen Autounfall oder einen Flugzeugabsturz zu überleben.

Das ist uns leider nicht vergönnt: Die materielle Konsistenz unseres Körpers verschafft uns zwar die Möglichkeit, sanft ein Rosenblütenblatt zu berühren oder die Wange eines Kindes zu streicheln, aber durch eine Wand gehen können wir mit ihr nicht.

Wie alles, was uns umgibt, bestehen auch wir größtenteils aus Leere. Die Quarks, Gluonen und Elektronen, aus denen unser Körper besteht, besetzen nur einen lächerlich geringen Anteil an unserem Gesamtvolumen. Wenn wir bei einer Untersuchung mit Röntgenstrahlen durchleuchtet werden, gehen diese ganz durch uns hindurch, wie auch andere, eher unbekannte Formen von Strahlung wie die kosmische. Atomkerne sind allerdings von Elektronenwolken umhüllt, mit denen sie Atome bilden, die sich mit anderen zu Molekülen verbinden. Der Widerstand, den wir spüren, wenn wir ein beliebiges materielles Objekt berühren, ist somit nichts anderes als die Abstoßung zwischen äußeren Elektronenschalen, in denen Ladungen mit gleichem Vorzeichen zirkulieren. Als wäre dem noch nicht genug, gibt es noch weitere Regeln – wir sehen sie weiter hinten –, die Elektronen daran hindern, gleiche Positionen zu besetzen.

Aber wir könnten uns doch vorstellen, unsere Struktur zu wechseln, eine Zustandsveränderung zu bewerkstelligen, die uns eine weniger starre innere Beschaffenheit verleiht. So kann beispielsweise ein sehr flüchtiges Gas wie das Helium, mit dem Luftballons für Kinder befüllt werden, mühelos Wände aus dichtem Stahl durchdringen. Seine winzigen Moleküle dringen in die kleinsten Lücken seiner Kristallstruktur ein. Aber auch hier stellen wir leider fest, dass so etwas bei uns nicht funktioniert.

Versuchen wir der Sache anhand der Zustände gewöhnlicher Materie auf den Grund zu gehen. Diese werden üblicherweise als Feststoffe, Flüssigkeiten und Gase bezeichnet. Materieformen wie Plasmen lassen wir fürs Erste beiseite, weil sie zwar in der Struktur des Universums eine grundlegende Rolle spielen, in unserem Alltag aber nur gelegentlich auftauchen.

Wenn wir verstehen wollen, wie gewöhnliche Materie organisiert ist, müssen wir uns mit der Bindungsenergie befassen. Deren Konzept ergibt sich aus der Beobachtung, dass es eine Energiezufuhr braucht, um zwei miteinander verbundene Körper voneinander zu trennen. Dieses Prinzip gilt generell und für ganz unterschiedliche Systeme: zum Beispiel für die Protonen in einem Atomkern, für ein Wassermolekül, das aus einer Verbindung von zwei Wasserstoffatomen mit einem Sauerstoffatom besteht, oder für einen um die Erde kreisenden Fernmeldesatelliten, der das Endspiel der Fußballweltmeisterschaft überträgt.

Um all diese Systeme in ihre Bestandteile zu zerlegen, müssen sie von der Anziehungskraft befreit werden, die sie zusammenhält. Dazu braucht es Energie. Um zum Beispiel den Satelliten aus dem Klammergriff der Schwerkraft zu befreien, die ihn auf seiner Kreisbahn um die Erde hält, müssen wir ihn mit einem starken Raketentriebwerk ausstatten. Wird dieses gezündet, beschleunigt sich seine Geschwindigkeit, sodass er seine festgelegte Umlaufbahn verlassen kann. Mit ausreichendem Treibstoff könnte er sogar seine Fluchtgeschwindigkeit, also das Tempo erreichen, mit dem er sich der Erdanziehung komplett entziehen und tiefer in den Weltraum vordringen kann. Für jedes gebundene System lässt sich die Energie berechnen, mit der sich seine beiden Komponenten vollständig voneinander trennen lassen: Sie entspricht der Bindungsenergie des Systems.

Die gebräuchlichste Einheit zur Messung der Energie mikroskopischer Systeme ist das Elektronenvolt (eV). Definiert ist seine Einheit als die kinetische Energie, die ein Elektron gewinnt, wenn es aus dem Ruhezustand im Vakuum mit einer Spannung von 1 Volt beschleunigt wird. Diese Energiemenge ist so winzig, dass in der Praxis zumeist nur ihre Vielfachen in Gebrauch sind: 1 KeV, ein Kiloelektronenvolt oder tausend eV, also 10^3 eV; 1 MeV, ein Megaelektronenvolt oder eine Million eV, also 10^6 eV, 1 GeV, ein Gigaelektronenvolt oder eine Milliarde eV, also 10^9 eV; 1 TeV, ein Teraelektronenvolt oder tausend Milliarden eV, also 10^{12} eV.

Selbst die gewaltigsten Vielfachen dieser Energieeinheit sind, verglichen mit denjenigen, die für die makroskopische Welt kennzeichnend sind, verschwindend gering. So haben die Protonen, die in diesem Augenblick im Large Hadron Collider (LHC) am CERN zirkulieren, nur eine Energie von 6,8 TeV. Obwohl sie die energiereichsten Teilchen sind, die wir mit diesem größten und stärksten Teilchenbeschleuniger herstellen können, entspricht ihre Energie gerade einmal der einer lästigen Stechmücke, die sich an einem Sommerabend zum Mahl auf unserem Hals niederlässt: Sie ist kaum zu spüren.

Mithilfe der Vielfachen von eV lassen sich die Bindungsenergien verschiedener Systeme einfach beschreiben. So beträgt zum Beispiel die Energie, die zwei molekülbildende Atome zusammenhält, üblicherweise einige eV. Die Energie, die die Elektronen auf ihrer jeweiligen Orbitalbahn um den Atomkern festhält, variiert hingegen von einigen eV bei den am schwächsten gebundenen Elektronen der äußeren Schalen bis zu rund 10 KeV bei denen der innersten Schalen.

Ein Vergleich der Stärken der elektromagnetischen Bindungen mit denen, die von der starken Kraft erzeugt werden, zeigt einen gewaltigen Sprung. Die Bindungsenergie eines einzelnen Protons oder Neutrons in einem Atomkern ist rund eine Million Mal stärker als die von einem der äußersten Elektronen. Die zwischen Protonen und Neutronen eines Atomkerns bemisst sich in MeV, während es 1 GeV, also eine tausendfach stärkere Energie, braucht, um ein Proton aufzuspalten und einige der Quarks und Gluonen zu befreien, aus denen es sich zusammensetzt.

Einem gebundenen Zustand entspricht eine Gesamtenergie, die immer geringer ist als die seiner freien Bestandteile, weil ein Teil der Energie des Systems für deren Zusammenhalt gebraucht wird. Da $E=mc^2$ gilt, die von Einstein entdeckte Äquivalenz zwischen Energie und Masse, kann diese Differenz in Form einer Massendifferenz vorliegen. Masse und Energie, äquivalente Größen, sind beide in eV und deren Vielfachen messbar.

Ein Proton und ein freies Neutron haben damit zusammen eine größere Masse als ein Kern des Deuteriums, einer Art schweren Wasserstoffs, der – von der starken Kraft zusammengehalten – aus einem Proton und einem Neutron besteht. Die Massendifferenz beträgt rund 2 MeV, ein Wert, der der Bindungsenergie zwischen Proton und Neutron entspricht. Um einen Deuteriumkern in ein Proton und ein Neutron im freien Zustand aufzuspalten, müssen wir ihm etwas mehr als 2 MeV Energie zuführen. Die Bindungsenergie eines Systems ist immer negativ in dem Sinn, dass sie aufgewendet werden muss, um Bindungen zu knacken. Sie ist das Merkmal des gebundenen Zustands: Um die Gefängniszelle aufzubrechen, in der das Proton und das Neutron eingesperrt sind, braucht es Energie.

Wenn Systeme von besonders schwachen Bindungsenergien zusammengehalten werden, ist diese Massendifferenz sehr gering, wie die von chemischen Verbindungen, wenn sich Atome zu Molekülen oder Kristallstrukturen zusammenschließen, oder die zwischen Molekülen, die miteinander wechselwirken. Hier sind elektromagnetische Kräfte am Werk, wobei sich die Bindungsenergie in einer Bandbreite von einigen zig eV bis zu einem Bruchteil eines Elektronenvolts bewegt. Solch schwache Bindungen lassen sich schon einfach dadurch aufbrechen, dass das System erhitzt, ihm also Energie in Form von Wärme zugeführt wird.

Die Wärme, die zwei Körper untereinander austauschen, ist die kinetische Energie der Atome und Moleküle, aus denen sie bestehen. Diese bewegen sich entweder frei oder schwingen und vibrieren um ihre Gleichgewichtspositionen. Wenn sie mit einem wärmeren Körper – mit einer höheren mittleren kinetischen Energie seiner Teilchen – in Kontakt kommen, gibt dieser Energie in Form mechanischer Stöße an sie ab: Der kältere Körper erwärmt sich, während der wärmere abkühlt, bis sich ein neues Gleichgewicht einstellt. Durch Erhitzen kann man Systemen aus Molekülen oder Atomen so lange Energie zuführen, bis die inneren Bindungen zwischen diesen aufbrechen. Dann findet ein sogenannter Phasenübergang statt: Eine Substanz nimmt eine andere innere Beschaffenheit an, ohne dass sich ihre chemische Natur verändert.

Dieser Mechanismus betrifft die drei traditionellen Aggregatzustände der Materie: fest, flüssig und gas- oder luftförmig. Wenn Eiswürfel im frisch gepressten Orangensaft schmelzen, wenn das Nudelwasser in einem Topf zu sieden beginnt oder wenn wir übrig gebliebene Fleischbrühe in der Tiefkühltruhe einfrieren, damit wir sie später noch essen oder sogar für ein leckeres Risotto verwenden können, dann erleben wir jedes Mal einen der Phasenübergänge, die Teil unserer Alltagserfahrung sind.

Wasser ist allen als Paradebeispiel für eine Substanz bekannt, die je nach Temperatur und Druck in drei verschiedenen Zuständen auftritt. Gehen wir der Einfachheit halber von einem gleichbleibenden Druck aus und erinnern uns daran, dass der Zustand einer Substanz von ihrer Temperatur, also von der mittleren Energie ihrer Bestandteile, der Atome oder Moleküle, abhängt.

Wird der Eiswürfel erwärmt, brechen zwischen seinen Wassermolekülen die Bindungen auf, die sie zu einem festen Block kristallisieren ließen: Die Moleküle gleiten umeinander und wechselwirken schwach mit denen in ihrer Umgebung: Das Wasser ist flüssig geworden, kann seine Form verändern und sie an jeden beliebigen Behälter anpassen. Bei weiter steigender Temperatur verlieren die Moleküle auch noch die verbliebenen Bindungen: Sie können sich frei bewegen, erfüllen einen gewaltig vergrößerten Raum und stoßen dann und wann noch aneinander. Kehrt man den Wärmefluss um – indem man dem Wasserdampf Energie entzieht, ihn also abkühlt –, verläuft der Übergang in umgekehrter Richtung: Das Wasser kondensiert zu einer Flüssigkeit, die sich einfrieren und auf diese Art wieder in einen festen Eisblock verwandeln lässt.

Aber aus Wasserdampf bestand doch auch die Wolke, in die sich Jupiter auflöste, um seiner Leidenschaft für Io freien Lauf zu lassen. Warum schaffen wir das nicht? Warum können wir uns nicht in eine besonders heiße Sauna begeben und sie als hauchdünner Dampf wieder verlassen?

Die seltsame Welt der weichen Materialien

Unser Körper ist eines der materiellen Systeme, die sich nicht einfach in die drei konventionellen Kategorien von Feststoff, Flüssigkeit und Gas einordnen lassen. Wie alle biologischen Systeme ist er ein hochkomplexer Organismus, der sich aus unzähligen Bestandteilen zusammensetzt: Ein robustes Gerüst – die Knochen des Skeletts – stützt eine heterogene Gesamtheit aus weichen Geweben, die einen hohen Wasseranteil haben und in denen Flüssigkeiten zirkulieren. Und seine Funktionen werden von einem zentralen Nervensystem gesteuert.

Das weiche biologische Material, aus dem wir bestehen, hat vielerlei Vorzüge. Man denke nur an unsere Hände und Fingerkuppen, mit denen wir das Gesicht eines Neugeborenen streicheln, die Tasten eines Klaviers anschlagen, aus Ton eine Figur modellieren oder bewundernd die Feinheit von Porzellan erspüren können. Das Geheimnis der raffiniertesten Kunstwerke, der ergreifendsten musikalischen Darbietungen, der kostbarsten Miniaturen, der feinsten Schmuckstücke oder erlesensten Malereien liegt im kundigen Gebrauch unserer Hände. Weil unser Körper aus weichen Materialien, geschmeidigen Gelenken und dehnbaren materiellen Strukturen besteht, können wir laufen oder tanzen, Umarmungen als angenehm empfinden oder unsere Kleinen liebkosen. Dank dieser Elastizität konnten wir Menschen im Verlauf unserer Evolutionsgeschichte einen außerordentlich empfindlichen Tastsinn ausbilden. Mit unseren Fingerbeeren erspüren wir feinste Unebenheiten einer Oberfläche und erkennen eine gewaltige Vielfalt an Materialien, auch ohne dass wir dabei unseren Gesichts- oder Geruchssinn zu Hilfe nehmen.

Der Gebrauch der Hände spielte eine bedeutende Rolle in der menschlichen Evolution, seitdem vor einigen Millionen Jahren ferne Vorfahren des Menschen zum aufrechten Gang übergingen. Durch die Bipedie von den Einschränkungen durch die Fortbewegung für immer befreit, konnten sich unsere vorderen Gliedmaßen weiterentwickeln, um wichtigere Aufgaben zu übernehmen: Sie wurden zu Greifern, um Nahrung zu sammeln und sie zum Mund zu führen, und befähigten uns dazu, immer ausgefeiltere Werkzeuge herzustellen. Und so konnte sich auch der Mund, der jetzt nicht mehr damit befasst war, Nahrung zu packen, auszureißen oder vom Boden aufzunehmen, sich am Ende auf eine Funktion konzentrieren, die für das Überleben der sozialen Gruppe ebenso grundlegend war: Laute artikulieren und eine Sprache aufbauen.

Diese entscheidende Wende in unserer Evolution setzte zahlreiche weitere bedeutende Entwicklungen in Gang. Die Empfindlichkeit und Vielseitigkeit der Hände gaben mit dem Erwerb der Sprache den Anstoß für unsere neuropsychische Evolution. Das Gehirn vergrößerte nicht nur sein Volumen, sondern differenzierte seine innere Struktur und seine Aufgabenverteilung zunehmend weiter aus. Nicht zufällig besetzt der Anteil an Gehirnmasse, der mit der Steuerung der Finger, Hände, Lippen und der Zunge befasst ist, rund die Hälfte der gesamten motorischen Hirnrinde, die alle unsere Bewegungen kontrolliert.

Die Hände versetzten uns in die Lage, immer vielseitigere Werkzeuge herzustellen, die unsere Überlebenschancen vergrößerten. Wir nutzten sie über Tausende von Generationen hinweg, um uns zu liebkosen, uns zu trösten, unsere Schwächsten zu versorgen, einander Halt zu geben, uns zu kratzen oder uns gegenseitig zu entflohen. Aus einer Art grober Zange, die Steine packen konnte, entwickelte sich die Hand zu einem Instrument des sozialen Zusammenhalts, das gleichzeitig zum Symbol des Schöpfertums der menschlichen Fantasie wurde: Alle diese Aktivitäten zum Aufbau von Gesellschaft schmiedeten die Gruppe enger zusammen.

Nicht zufällig taucht in den ersten künstlerischen Darstellungen als Motiv häufig die Hand auf. Als farbige Abdrücke bevölkern sie zu Hunderten die Wände von Höhlen, die unseren Vorfahren als Unterschlupf dienten. Im Negativ ausgeführt, indem die Pigmente über die Hände gesprüht oder gespuckt wurden, stammen sie von den Jüngeren der Gruppen, häufig von Mädchen, als ein lebloses, aber zur Dauerhaftigkeit bestimmtes Zeichen ihrer Existenz.

Die Fingerkuppen sind durch ihre Muster aus feinen Papillarleisten gekennzeichnet, die von Mensch zu Mensch so stark variieren, dass ihre Abdrücke als eine Art Ausweis dienen. Die darunterliegende Hautschicht ist von einem dichten Netz von Nervenenden durchzogen, das sie zu einem ultraempfindlichen Universalsensor macht. Was ihre Möglichkeiten angeht, so kann sich diese ausgeklügelte und fantastische Struktur mit den Wundern messen, die die Natur bei der Entwicklung anderer Spezies wie den Geckos vollbracht hat. Die Füße dieser possierlichen

Echsen sind mit Millionen winziger Härchen überzogen, damit sie flink über jede senkrechte Wand huschen oder sogar kopfüber an der Decke kleben bleiben können. Diese akrobatischen Fähigkeiten verdanken sie der schwachen Anziehung der Van-der-Waals-Kräfte.

Leider sind die weichen Materialien, aus denen die so vielseitigen und leistungsfähigen Körper der Lebewesen bestehen, äußerst verletzlich. Schon ein nichtiger Aufprall verursacht Wunden und Zerrungen, und sie sind extrem hitzeempfindlich. Wenn wir die Finger in kochendes Wasser stecken oder, noch schlimmer, sie in eine offene Flamme halten, tragen wir Verbrennungen davon. All dies hängt mit den allgemeinen Eigenschaften weicher Materialien zusammen, die sich in gewisser Hinsicht so verhalten, als seien sie ein Zwischending zwischen Flüssigkeit und Feststoff.

Ihr Verhalten ist vergleichbar mit dem von so verbreiteten weichen Substanzen wie Butter, Mayonnaise oder Zahnpasta. Alle solchen Materialien sind leicht verformbar oder lassen sich sogar verstreichen. Sie sind aus zwei oder mehreren heterogenen Komponenten zusammengemischt, die untereinander nicht löslich sind. Butter besteht aus tierischem Fett und Wasser, Mayonnaise entsteht, wenn man Eigelb mit Öl und Zitronensaft verquirlt, sodass in die Mischung zahlreiche Luftbläschen miteingeschlossen werden. Diese machen sie so richtig cremig.

Materialien dieser Art sind besonders hitzeempfindlich. Bei übermäßiger Wärmezufuhr wechseln sie unumkehrbar ihren Zustand, verkohlen zum Beispiel oder zerbröckeln. Wenn wir ein Ei in die Pfanne hauen, stockt es. Das «Weiße», bestehend aus Wasser, in dem Proteine eingeschlossen sind, zeigt sich bei Zimmertemperatur als eine glitschige klare Flüssigkeit. Auf dem heißen Stahl verbinden sich seine Proteine miteinander zu einem lichtundurchlässigen elastischen Netz mit der typischen weißen Färbung. Alle diese Umwandlungen lassen sich nicht mehr rückgängig machen: Bislang ist es noch niemandem gelungen, ein Spiegelei in ein Dotter und ein Eiweiß im Rohzustand zurückzuverwandeln, indem er es in den Kühlschrank stellt.

Dass die Phasenübergänge biologischer Gewebe irreversibel sind, hängt mit deren Komplexität zusammen. Die geniale Organisation, die es lebenden Organismen ermöglicht, mit ihrer Umwelt in Kontakt zu treten, für ihr Wachstum Nahrung aufzunehmen, sich fortzupflanzen und neue Gebiete zu besiedeln, ist so komplex, dass sie unvermeidlich dem Verschleiß unterworfen ist. Der am Ende allen Lebens stehende Tod ist nichts anderes als ein unaufhaltsamer Prozess der Oxidation und des Abbaus biologischer Strukturen.

Von diesem Prozess ist die unbelebte Materie nicht betroffen, so zumindest das Vorurteil, dem unsere menschliche Spezies lange angehangen hat. Da wir die Erde erst seit kurzem bevölkern, ist noch keiner von uns oder unseren fernen Vorfahren Zeuge einer dieser kosmischen Katastrophen geworden, die einen ganzen Planeten oder große Sterne wie die Sonne vernichten können. Einen sterbenden Stern, der sich stark aufbläht, die ihn umkreisenden Planeten verschlingt und sie im Nu verdampfen lässt, hat noch niemand aus der Nähe verfolgt.

Erst seit wenigen Jahren verfügen Astronomen und Astrophysiker über Instrumente, die uns die finstere Seite des Kosmos vor Augen führen. Wie die Beobachtungen seither zeigten, fressen gigantische Schwarze Löcher ganze Sonnensysteme auf, kollidieren Neutronensterne miteinander und zermalmen relativistische Materiejets Galaxien. Aber diese Erkenntnisse sind noch zu neu, als dass sie ins allgemeine Bewusstsein eingegangen wären. Das Vorurteil, dass die großen materiellen Strukturen des Kosmos beständig seien, ist immer noch weit verbreitet. Es begleitet die Menschheit seit Jahrtausenden.

Das fast ewige Leben der großen materiellen Strukturen

Die Lebenszeit eines Planeten, eines Sonnensystems oder einer Galaxie bemisst sich in Milliarden Jahren. Diese Zeitskala ist, verglichen mit der uns gewohnten, so abnorm, dass wir uns von ihr nur mühsam eine Vorstellung machen können. Das Geheimnis einer so außergewöhnlichen Beständigkeit liegt im Aufbau der Atomkerne in den Materialien, aus denen solche Strukturen bestehen, und in der zeitlichen Entwicklung der Temperatur des Universums.

Sterne und große Gasplaneten wie Jupiter bestehen aus Wasserstoff und Helium, während sich Gesteinsplaneten wie die Erde auch aus schwereren Elementen bis hin zum Uran zusammensetzen. Dass diese Substanzen so unglaublich beständig sind, verdanken sie der Tatsache, dass die Protonen und Neutronen in ihren Atomkernen besonders robust sind.

Zusammengehalten von Gluonen, bestehen beide aus Up- und Down-Quarks, aber mit einem kleinen Unterschied: Das Proton ist positiv geladen, während das Neutron neutral ist. Dabei hat das Proton eine leicht geringere Masse als das Neutron. Dieses Merkmal hat eine wichtige Konsequenz für die Stabilität der großen materiellen Strukturen: Protonen können nicht in Neutronen und Elektronen zerfallen, weil ein solcher Zerfall das Energieerhaltungsgesetz verletzen würde. Andere Formen des Zerfalls wären theoretisch möglich, wurden aber noch nie nachgewiesen. Kurzum, soweit wir heute wissen, sind Protonen zum ewigen Leben oder zumindest zu einer Dauer verdammt, die das gegenwärtige Alter des Universums um viele Größenordnungen übertrifft.

Die Protonen, die sich in den ersten Minuten nach dem Urknall bildeten, konnten über Hunderte von Millionen Jahren frei umherschwirren, bevor sie sich zu den ersten Sternen zusammenballten. Und die scharten sich ihrerseits Milliarden Jahre später zu den ersten Galaxien zusammen. Die Protonen dieser gewaltigen Urpopulation leben noch heute um uns herum und speisen die

Myriaden von Sternen, die unseren Nachthimmel erleuchten. Und sie sind auch noch in uns und in allem um uns herum enthalten.

Dagegen würden alle Neutronen, einmal freigesetzt, im Verlauf weniger Stunden zerfallen. Dieses traurige Schicksal bleibt ihnen deshalb erspart, weil sie in den Atomkernen der verschiedenen Elemente fest mit Protonen verbunden sind. In der komfortablen Schale des Kerns tauschen sie mit anderen Neutronen und Protonen Überbleibsel an starker Kraft aus und werden durch diese feste Einbindung am Zerfall gehindert.

Im Proton ergeben die drei leichten Quarks, die von der starken Wechselwirkung zusammengehalten werden, eine besonders robuste Struktur. Um dies zu verstehen, braucht es einige Betrachtungen zu den Massen der Teilchen. Das ultraleichte Elektron wiegt zum Beispiel rund 0,5 MeV, während Protonen und Neutronen Massen von knapp 1 GeV haben, also rund zweitausend Mal schwerer sind. Die beiden leichtesten Quarks sind schwerer als Elektronen, aber deutlich leichter als Protonen: Das Up-Quark hat eine Masse von rund 2 MeV und das Down-Quark von rund 5 MeV. Damit wird plötzlich klar, dass die gesamte Masse des Protons von der gewaltigen Bindungsenergie der Gluonen herrührt, welche die Anziehung zwischen den Quarks vermitteln. Eine Bindungsenergie von knapp 1 GeV stellt einen unglaublich starken Kleber dar, der diese Bausteine zusammenhält. Bei dieser ausgeklügelten kleinen Struktur wurden keine Mühen gescheut, um sie solide auszugestalten und gegen schlimmste Turbulenzen zu wappnen.

Um eine Struktur mit einem so festen Zusammenhalt aufzubrechen, braucht es hochenergetische Teilchen oder ungeheure Temperaturen. Solche kommen im Kosmos durchaus vor: Bestimmte Phänomene können die Teilchen so beschleunigen, dass ihre Energien um viele Größenordnungen zunehmen, auch wenn dies nur selten geschieht. Der *natürliche* Fluss dieser energetischen Teilchen, die Protonen und Neutronen aufspalten können, ist so schwach, dass die Materie der Sterne und der großen Himmelskörper die Zeit unerschütterlich überdauert.

Die Zauberkiste, in der sich die Quarks verstecken, könnte

durch brachiale Hitze durchaus aufgebrochen werden. Aber dazu müssten Temperaturen von tausend Milliarden Grad erreicht werden. Diese können allerdings nicht einmal die massereichsten Sterne erzeugen, die in ihrem Inneren höchstens einige Hundert Millionen Grad heiß sind.

Im Verlauf seiner Entwicklung hat das Universum Stadien mit ungeheuren Temperaturen durchlaufen, insbesondere in den ersten Augenblicken seines Lebens. Aber während seiner rasanten Expansion ist es rasch ausgekühlt. Schon nach eineinhalb Minuten sank seine Temperatur auf unter 10 Milliarden Grad ab, ein angenehmes Klima für die Grundbausteine der Atomkerne. Sie konnten ab diesem Moment problemlos überleben und sich sogar erstmals miteinander verbinden. Heute liegt die mittlere Temperatur des uralten Universums, in dem wir leben, bei knapp drei Grad über dem absoluten Nullpunkt, also bei rund -270 Grad Celsius. Den Protonen droht somit keinerlei Gefahr einer Aufspaltung.

Dass die großen Himmelskörper Äonen überdauerten und den üblichen Temperatur- und Druckschwankungen unerschütterlich standhielten, hat die vorgefasste Ansicht geprägt, dass die großen materiellen Strukturen auf ewig beständig seien.

Seit fernster Vergangenheit hat die Menschheit die eigene Hinfälligkeit als eine schmachvolle Niederlage erlebt. Angesichts der eigenen Sterblichkeit, die wir mit allen Lebewesen teilen, haben wir die dauerhaften materiellen Formen idealisiert: Ozeane und Berge, Flüsse und Vulkane sowie Sonne, Mond und Sterne. Im Lauf der Jahrhunderte hat sich das Vorurteil herausgebildet, wonach die unbelebte Materie die Jahrtausende überdauere und sogar der Ewigkeit trotze.

Diese Anschauung geriet Anfang des 20. Jahrhunderts in die Krise, als sich Physiker erstmals mit den kurzlebigsten Formen der leblosen Materie befassten. Dabei entdeckten sie eine Welt aus materiellen Zuständen, die so instabil sind, dass im Vergleich zu ihnen sogar die Eintagsfliege eine beneidenswert lange Lebenszeit hat. Diese kleinen aquatischen Insekten leben ähnlich wie Libellen rund ein Jahr im Larvenstadium. Nach der letzten Häutung müssen die geschlechtsreif gewordenen Kerbtiere allerdings rasch einen Partner zur Fortpflanzung finden, weil ihr Dasein schon wenige Stunden später endet.

Die flüchtige Welt der ephemersten Formen der Materie

Die Existenz der Eintagsfliegen ist unendlich länger und vielfältiger als die vieler Zustände der unbelebten Materie. Erste Ahnungen, dass auch gewöhnliche Materie spontan zerfallen könnte, tauchten am Ende des 19. Jahrhunderts auf – mit den ersten Forschungen an der natürlichen Radioaktivität, die der französische Physiker Antoine Henri Becquerel und das berühmte polnisch-französische Wissenschaftlerpaar Maria Skłodowska und Pierre Curie unternahmen.

Wie ihnen auffiel, waren einige besonders schwere Elemente – mit zahlreichen Protonen und Neutronen im Atomkern – instabil: Sie emittierten verschiedene Strahlungen und zerfielen zu anderen Elementen. Diese Entdeckung stand am Anfang eines langen Wegs, der zu einem tieferen Verständnis der Struktur der Materie führte.

Instabile Elemente kamen in immer größerer Zahl zum Vorschein, als entdeckt wurde, dass sich Radioaktivität auch künstlich erzeugen ließ, indem bestimmte Elemente mit Neutronen beschossen wurden. Weitere instabile Teilchen wurden in kosmischen Strahlen identifiziert, und insbesondere tauchten nochmals Dutzende auf, als die ersten Teilchenbeschleuniger in Betrieb gingen.

Mit der zunehmenden Leistungsfähigkeit dieser Anlagen ließ sich die Umwandlung von Energie in Masse dazu nutzen, neue Materiezustände herzustellen. Dabei tauchten neue Teilchen auf, die sich von denen gewöhnlicher Materie stark unterschieden, sich ziemlich merkwürdig verhielten und vor allem in kürzester Zeit wieder zerfielen. Seit den Fünfzigerjahren wuchs der Katalog der Bestandteile der Materie um eine eindrucksvolle Menge an neuen Teilchen an, die fast alle höchst instabil waren. Manche führten ein so ephemeres Leben, dass sich dessen Dauer nicht einmal direkt messen ließ.

Das Geheimnis dieser Welt der Geisterteilchen, die für den Bruchteil einer Sekunde im Zentrum der Experimentiergeräte auftauchten und in einer Art kleinem Feuerwerk sofort wieder verglühten, liegt in deren Zusammensetzung. Wie die Physiker in den Sechziger- und Siebzigerjahren erkannten, spielte die flüchtige Materie, die in ihren Beschleunigern entstand, in der gewöhnlichen Welt zwar nur eine unbedeutende Rolle, war aber grundlegend, um nachzuvollziehen, wie das Universum entstanden war und welche komplizierte Entwicklung es bis in unsere Zeit durchlaufen hatte. Diese so massereichen Teilchen, die im glühend heißen Uruniversum noch frei hatten herumschwirren können, überlebten in der ultrakalten Umgebung, in der sie künstlich erzeugt wurden, nur kürzeste Zeit. Aber sie hatten immerhin so lange Bestand, dass sich ihre Eigenschaften untersuchen ließen.

Um die Gesetze, die die gewöhnliche Materie regieren, und die materielle Zusammensetzung des Universums in seiner Gesamtheit gründlich zu verstehen, mussten die Physiker gewissermaßen in die Welt der ephemeren Materie eintauchen und deren sämtliche Eigenschaften rekonstruieren. Wie einst die Schamanen, die Erkenntnisse gewannen, indem sie in die Welt der Illusionen und Träume vordrangen, kamen die modernen Wissenschaftler den tieferen Symmetrien der Natur dadurch auf die Spur, dass sie sich in die phantasmagorische Welt der vergänglichsten und flüchtigsten materiellen Zustände hineinwagten.

Mit dem Standardmodell der Elementarteilchen lässt sich der Ansatz, der eine Erklärung der gewöhnlichen Materie ermöglicht, auch auf deren exotische Zustände, auf Teilchen mit kurzer mittlerer Lebensdauer, ausweiten. In der Verallgemeinerung des Modells gibt es drei Familien von Quarks: Die erste, uns bereits bekannte, besteht aus dem Up- und dem Down-Quark, aus denen Protonen und Neutronen bestehen. Die beidcn anderen umfassen weitaus schwerere Quarks mit ziemlich sonderbaren Namen.

Zur zweiten Familie zählen das *Strange-Quark* (das «Seltsame», mit der Ladung -1/3) und das *Charm-Quark* (das «Charmante», mit der Ladung + 2/3). Beide sind besonders schwer. Das Charm-Quark wiegt sogar mehr als ein Proton und hat eine hundertfach größere Masse als die leichten Quarks.

Die dritte Familie enthält die herausragenden Vertreter der Kategorie: das *Beauty-Quark* (das «Schöne», mit einer Ladung -1/3) und das *Top-Quark* (die «Spitze», mit einer Ladung + 2/3). Das Top-Quark ist das schwerste seiner Klasse: Es allein wiegt über 170 GeV, so viel wie ein Goldatom. Wie das Up- und das Down-Quark sowie die Quarks der beiden anderen Familien tragen sie eine elektrische, eine schwache und eine starke, also eine Farbladung.

Alle Quarks können sich in verschiedenen Kombinationen miteinander verbinden – zu einem ganzen Zoo aus Hunderten von exotischen Teilchen, die von der starken Kraft zusammengehalten werden. Deswegen heißen diese *Hadronen*, nach dem griechischen ἁδρός *(hadròs)*, «stark». Je nach Anzahl ihrer Bestandteile unterteilen sich die Hadronen in *Mesonen* und *Baryonen*. Die Erstgenannten bestehen aus einem Quark-Antiquark-Paar, die Letztgenannten aus drei oder mehr Quarks. Neutronen und Protonen sind die geläufigsten Baryonen und die einzigen stabilen. Die Materie, die entsteht, wenn sich schwere Quarks miteinander verbinden, ist höchst instabil und zerfällt rasch wieder in andere Teilchen, die nur die leichtesten Quarks enthalten.

Für jedes Teilchen des Standardmodells muss immer sein entsprechender Partner aus Antimaterie betrachtet werden, ein Teilchen, das die gleiche Masse und einige entgegengesetzte Quantenzahlen hat, darunter die elektrische Ladung. So hat zum Beispiel das *Anti-Up-Quark* die gleiche Masse wie das Up-Quark (rund 2 MeV), aber die Ladung -2/3.

Dass es auch Antimaterie gibt, hat als Erster der englische Physiker Paul Adrien Maurice Dirac vorhergesehen. Er entdeckte 1928 unter den Lösungen für eine Gleichung, die in die Geschichte eingehen sollte, auch eine, die die Bewegung eines positiven Elektrons zu beschreiben schien. Dieses Teilchen ähnelte stark dem

Elektron, das die Atomkerne umkreist, hatte aber die entgegengesetzte Ladung. Die Entdeckung rief anfangs keine allzu große Verwunderung hervor. Die meisten hielten sie für eine mathematische Kuriosität, bis ein junger amerikanischer Physiker bei Experimenten auf eine Merkwürdigkeit stieß: Carl David Anderson, damals siebenundzwanzig Jahre alt, versuchte 1932 der Zusammensetzung des mysteriösen Teilchenstroms auf die Spur zu kommen, der aus den Tiefen des Kosmos zu uns gelangt. Dabei entdeckte er unter Hunderten unbekannter Teilchen eines, das die Eigenschaften des Elektrons besaß, nur dass es positiv geladen war. Er nannte es *Positron,* ohne zu ahnen, dass ihm diese Entdeckung die bedeutendste aller wissenschaftlichen Auszeichnungen eintragen würde. Als er 1936 den Nobelpreis erhielt, war er gerade einmal einunddreißig Jahre alt. Damit war er einer der jüngsten Preisträger aller Zeiten, nur übertroffen von dem australischstämmigen britischen Physiker William Lawrence Bragg. Der war 1915 mit nur fünfundzwanzig Jahren ausgezeichnet worden.

Seither wurden in regelmäßigen Abständen weitere *Antiteilchen* entdeckt und viele von deren Eigenschaften nachgewiesen. Wie sich zeigte, führt eine Begegnung zwischen einem Elektron und einem Positron zur Annihilation (Paarvernichtung): Beide Teilchen verschwinden und überlassen zwei Photonen das Feld. Nachgewiesen wurde auch das gegenteilige Phänomen: Hochenergetische Photonen können Paare aus Elektronen und Positronen erzeugen, und auch Gluonen können «aus dem Nichts» Paare aus Quarks und *Antiquarks* hervorbringen.

Diese Prozesse sind die Grundlage für die Arbeitsweise der modernen Teilchenbeschleuniger, der Collider, die, wie der Name sagt, Kollisionen herbeiführen. Sie können durch eine Annihilation von elementaren Bestandteilen der Materie neue, extrem massereiche Teilchen erzeugen. So schickte beispielsweise der Large Electron-Positron Collider (LEP), der am CERN vor dem LHC in Betrieb war, hochenergetische Elektronen und Positronen auf Kollisionskurs, um das Z-Boson zu erzeugen, das neutrale Teilchen, das die schwache Wechselwirkung vermittelt und eine Masse von über 90 GeV hat.

Die Elektronen, die auf Orbitalbahnen den Atomkern umkreisen, gehören zu den Leptonen, von griechisch λεπτός *(leptòs)*, «fein», «leicht», weil sie mit wenig Masse ausgestattet sind. Auch Leptonen unterteilen sich in drei Familien, denen jeweils – wie bei denen der Quarks – zwei Teilchen angehören, von denen aber eines elektrisch geladen und das andere neutral ist. Die erste Familie besteht aus einem Elektron und einem Neutrino-Elektron. Letzteres ist ein neutrales Teilchen, so leicht, dass noch bis vor kurzem geglaubt wurde, es habe die Masse null.

Wie das Elektron hat auch das Neutrino seiner Familie keine starke Ladung und ist, soweit wir wissen, ein stabiles Teilchen. Da es elektrisch neutral und sehr leicht ist, beschränkt sich sein Kraftaustausch mit der Materie auf die schwache Wechselwirkung und auf gravitative Effekte, die wegen seiner geringen Masse unerheblich sind. Neutrinos können die Erde komplett von einem zum anderen Ende durchqueren, ohne eine Spur zu hinterlassen. So wundert es nicht, dass wir von diesen behutsam agierenden und freundlichen Teilchen bis vor wenigen Jahrzehnten noch keine Ahnung hatten.

Das *Myon,* das elektrisch geladene Lepton, führt die zweite Familie an. Es ist eine Art besonders schweres Elektron: Seine Masse ist mit ungefähr 100 MeV zweihundertmal größer. Sein neutraler Partner ist das Myon-Neutrino.

Die dritte Familie besteht aus dem Tau-Lepton oder *Tauon,* einem echten Schwergewicht der Klasse, das fast so viel Masse wie zwei Protonen auf die Waage bringt, sowie aus seinem neutralen Partner, dem Tauon-Neutrino. Myonen und Tauonen sind instabil und zerfallen durch die schwache Kraft rasch in leichtere Teilchen.

Quarks und Leptonen sind zwei ziemlich seltsame Clans, die sich nur ungern miteinander vermengen. Die Brücke zwischen den beiden Bestandteilen der Materie bilden die Austausch-, Träger- oder Kraftteilchen, eine dritte Familie. Ihre Angehörigen wechselwirken mit beiden Gruppen, wenn auch mitunter nur mit einigen ihrer Mitglieder, und bringen dabei Dynamik und Mischung ein.

Von den Austauschteilchen haben wir bereits gesprochen: Dazu gehört das Photon, der Träger der elektromagnetischen Kraft, die auf alle elektrisch geladenen Teilchen einwirkt; das Gluon, das die starke Kraft vermittelt und mit den starke Ladung besitzenden Quarks wechselwirkt, aber die ungeladenen Leptonen ignoriert; und schließlich das W- und das Z-Boson, die die schwache Kraft tragen und sich mit den Quarks wie auch den Leptonen paaren, weil diese alle schwache Ladung besitzen.

Im Gegensatz zu den masselosen Photonen und Gluonen sind W- und Z-Bosonen extrem schwer. Weil sie 80 bzw. 90 GeV auf die Waage bringen, ist die Reichweite der schwachen Kraft, wie wir sahen, auf subnukleare Abstände begrenzt. Diese Wechselwirkung erzeugt keine gebundenen Zustände, ist aber, wie wir noch sehen werden, für zahlreiche Prozesse verantwortlich, die für die Entwicklung des Universums grundlegend sind.

Und schließlich beinhaltet das Standardmodell noch ein Teilchen, das etwas abseitssteht. Es kam als Letztes hinzu und gehört keiner der bisher beschriebenen Familien an: das *Higgs-Boson*. Es spielt beim Aufbau der uns bekannten Materie eine entscheidende Rolle. Von ihm ist im nächsten Kapitel ausführlich die Rede.

5.

Triumph und Fall eines jahrtausendealten Vorurteils

Obwohl schon über zehn Jahre vergangen sind, erscheint es mir immer noch unwirklich. Oft wache ich morgens auf und frage mich, ob unser großes Ereignis tatsächlich stattgefunden hat.

Die Entdeckung des Higgs-Bosons wurde im Juli 2012 bekannt gegeben. Damals teilten wir der weltweiten Öffentlichkeit mit, dass wir am CERN ein neues Teilchen entdeckt hatten. Und es ähnelte sehr stark dem, was als der Heilige Gral der Physik bezeichnet worden war. Anschließend wurden weitere Daten gesammelt, die es ermöglichten, von dem aufgetauchten Neuling ein noch besseres Profil zu erstellen, worauf die letzten Zweifel verflogen. Ja, es war wirklich das gesuchte Teilchen. Davon war auch die Königliche Akademie der Wissenschaften in Stockholm überzeugt, sodass sie 2013 Peter Higgs und François Englert den Nobelpreis zuerkannte. Die beiden Physiker hatten fast fünfzig Jahre zuvor vermutet, dass ein solches Teilchen existieren musste.

Das Leben eines experimentellen Physikers ist mit Herausforderungen und großen Risiken gespickt. An den Grenzen des Wissens zu forschen, heißt, völlig neue Wege zu beschreiten und zu akzeptieren, dass man dabei auch Schiffbruch erleiden kann. In der modernen Wissenschaft lässt sich niemand auf ein neues Abenteuer ein, ohne dessen Scheitern einzukalkulieren. Wir Teilchenphysiker sind ein begeisterungsfähiges und neugieriges Volk, in dessen Reihen sich aber nur diejenigen behaupten können, die die

Herausforderung lieben und keine Angst vor Rückschlägen haben, die einen zu Boden werfen können. Wenn dies geschieht – und das ist sehr oft der Fall –, bleibt keine Zeit zum Jammern. Man muss wieder aufstehen, ergründen, wo der Fehler lag, und sich auf die nächste Runde vorbereiten. Kurzum, Widerstandskraft wird in unserem Fach mit am meisten geschätzt.

Unser Beruf ist ein hochriskantes Geschäft: Wenn ein neues Forschungsprojekt anvisiert wird, herrscht nicht nur Unsicherheit, ob es die erwarteten Ergebnisse bringt, sondern auch darüber, ob es überhaupt zustande kommt: Zunächst bedarf es der Festlegung, welche technischen Mittel eingesetzt werden sollen, und die funktionieren dann möglicherweise nicht. Ebenso müssen die notwendigen Finanzmittel aufgetrieben werden, was ebenfalls scheitern kann. Und schließlich könnten sich die Ideen, die anfangs so brillant erschienen, als völlig irrig herausstellen.

Niemand von uns geht dieser Arbeit wegen der möglichen Ehrungen und Auszeichnungen nach, auch wenn es uns freut, wenn wir welche bekommen. Die wahre Befriedigung liegt darin, vor unseren Bildschirmen zu sitzen und zu wissen, dass wir zu den ersten Menschen gehören, die einen neuen Zustand der Materie beobachten. In diesen Augenblicken herrscht eine schwer zu beschreibende Aufregung, die aber für alle Opfer, Ängste und eingegangenen Risiken entschädigt.

Als Physiker gehöre ich einer Generation von Glückspilzen an, weil es nur wenigen vergönnt ist, an einer so bedeutenden Entdeckung an vorderster Front beteiligt zu sein. Man kann eine ganze Laufbahn damit zubringen, auf ein Ergebnis hinzuarbeiten, ohne es je zu erreichen. Und das heißt nicht, dass man nicht ausreichend kompetent gewesen wäre.

So hat zum Beispiel die Generation von Wissenschaftlern vor uns über mehrere Jahrzehnte, seit den Siebzigerjahren, nach dem Higgs-Boson gefahndet. Sie sind an der Aufgabe nicht deshalb gescheitert, weil sie weniger geeignet gewesen wären als wir, im Gegenteil. Es hatte schlicht an den äußeren Umständen gelegen. Die damaligen Beschleuniger waren deutlich weniger leistungsfähig als der LHC. Nach seiner Entdeckung wissen wir heute, dass das Higgs-Boson ein besonders schweres Teilchen ist. Es herzustellen und zu identifizieren, wäre mit den damals betriebenen Anlagen überhaupt nicht möglich gewesen.

Wir hatten einfach Glück und waren zur rechten Zeit am rechten Ort. Die Anstrengungen der Tausenden von Wissenschaftlern, die den LHC und seine großen Detektoren konstruierten, waren zweifellos außergewöhnlich. Vor allem die Jungen – Physiker, Ingenieure und Informatiker – warteten mit unzähligen innovativen Ideen auf und überwanden die gewaltigen Schwierigkeiten, die beim Bau und bei der Inbetriebnahme dieser technologischen Wunderwerke auftraten. Aber auf unserem Gebiet ist alles so kompliziert, dass schon ein vernachlässigtes, scheinbar bedeutungsloses winziges Detail ausgereicht hätte, um den anfänglichen Erfolg in einen kolossalen Fehlschlag zu verwandeln. Kurzum, Fortuna spielte wie in allen menschlichen Angelegenheiten auch bei diesem Unternehmen eine entscheidende Rolle.

Aber was ist ein Boson, und wieso ist diese Entdeckung so wichtig? Und vor allem: Welche Rolle spielt dieses berühmte Teilchen bei der Organisation der Materie und dem Aufbau des Universums?

Geschichten von Fermionen und Bosonen

Mit Kombinationen aus Teilchen des Standardmodells lassen sich Hunderte verschiedene Materiezustände konstruieren – ungefähr so, wie wenn man aus Legosteinen komplexe Objekte zusammenbaut. Diese sind zwar vielseitig einsetzbar, lassen sich aber nicht beliebig zusammenfügen. Regeln sind zu beachten.

Ebenso verhält es sich im Umgang mit Quarks und Leptonen. Auch hier müssen – ziemlich einfache – Regeln befolgt werden, die sogenannte Erhaltung der Quantenzahlen. So sind zum Beispiel keine drei Quarks so miteinander kombinierbar, dass ein Zustand mit einer gebrochenen Ladung herauskommt. Die Ladung muss stets ganzzahlig sein und in den Reaktionsprozessen zwischen den Teilchen immer erhalten bleiben.

Die beiden Familien von Materieteilchen, Quarks und Leptonen, die sich miteinander nur widerstrebend mischen, haben dennoch eine gemeinsame Eigenschaft: einen halbzahligen *Spin,* im besonderen Fall den Wert + 1/2 oder - 1/2. Der Spin ist eine weitere Quantenzahl, die bei den Wechselwirkungen zwischen Teilchen erhalten bleibt, eine ihrer kennzeichnenden Eigenschaften, für die es keine Entsprechung in der klassischen Physik gibt. Er lässt sich als eine Art inneres Drehmoment interpretieren, als verhielte sich die Materie des Teilchens wie ein winziger rotierender Kreisel. Aber der Vergleich hinkt. Einen halbzahligen Spin haben zum Beispiel die praktisch punktförmigen Elektronen. Dabei ist schwer vorstellbar, wie sich etwas ganz auf einen Punkt Konzentriertes, also etwas ohne Ausdehnung, um eine Achse drehen soll.

Die Kräfte tragenden Austauschteilchen haben hingegen einen ganzzahligen Spin (0, 1, 2): bei Photonen, Gluonen sowie W- und Z-Bosonen beispielsweise 1. Man frage mich nicht nach dem Grund für diesen Unterschied. Den kennt niemand. Nach einer Vermutung beruht er auf einer tieferen Symmetrie, die wir bislang noch nicht entdeckt haben. Vielleicht existiert eine andere Form von Materie, in der sich die Rollen umkehren: eine Supermaterie, in der die Superteilchen einen ganzzahligen und die Austauschteilchen einen halbzahligen Spin haben. Auf dem Papier könnte eine solche materielle Welt funktionieren, aber bislang ist noch kein einziges solches Superteilchen aufgetaucht. Für den Augenblick müssen wir diese Trennung akzeptieren. Sie hat insofern bedeutende Konsequenzen, als ganz- oder halbzahlige Spins völlig unterschiedliche Schicksale haben.

Teilchen mit halbzahligem Spin heißen *Fermionen,* während solche mit einem ganzzahligen als *Bosonen* bezeichnet werden. Es gibt zusammengesetzte Fermionen mit einem Spin 3/2 oder 5/2 und Bosonen mit dem Spin 0 oder 1. Vermutungen zufolge sollen auch elementare Bosonen mit dem Spin 2 existieren, aber gefunden wurden sie bislang noch nicht.

Der seltsame Name der beiden Familien leitet sich aus den Gesetzen der Statistik ab, denen diese beiden Typen von Teilchen genügen. Hier liegt der entscheidende Unterschied. Fermionen folgen den von Enrico Fermi und Paul Adrien Maurice Dirac definierten Gesetzen, während die Bosonen denen folgen, die der indische Physiker Satyendranath Bose und Albert Einstein erstellten. Der Unterschied hat mit dem Pauli-Prinzip (auch paulisches Ausschlussprinzip) zu tun, das von dem Physiker Wolfgang Pauli 1925 formuliert wurde. Während dieses Prinzip nicht für Bosonen gilt, stellt es für Fermionen eine Art unverletzliches Tabu dar: Zwei identische Fermionen können nicht den gleichen Quantenzustand besetzen. Mit ein wenig Phantasie kann man sich die Regel als eine Art Agoraphobie vorstellen: Quarks und Leptonen ertragen es nicht, sich in einem zu dicht bevölkerten Quantenzustand aufzuhalten. Die Menge löst in ihnen Panik aus, sodass sie schleunigst in eine weniger überfüllte Umgebung ausweichen. So veranschaulicht, erscheint das Pauli-Prinzip als etwas Exotisches ohne jede praktische Konsequenz. Aber die Realität ist eine völlig andere.

Das Ausschlussprinzip zwingt die Elektronen dazu, im Atom verschiedene Ebenen zu besetzen, und dies macht es möglich, dass sich Moleküle bilden und chemische Reaktionen in Gang kommen. Das dem Kern am nächsten gelegene Orbital, das einem bestimmten Quantenzustand entspricht, kann von nicht mehr als zwei Elektronen besetzt werden: einem mit einem Up- (+ 1/2) und einem mit einem Down-Spin (- 1/2). Die anderen Elektronen müssen die jeweils nächsthöheren Orbitale besetzen, in denen die Stärke der Bindung an den Kern fortschreitend abnimmt, sodass die äußersten Elektronen leicht weggerissen oder gezwungen werden können, mit anderen Atomen Bindungen einzugehen. Dank dieses Mechanismus können Atome untereinander wechselwirken. Ohne das paulische Ausschlussprinzip würden alle Elektronen nur das innerste Orbital besetzen. Damit verhielte sich jedes Element wie eine Art Edelgas, reaktionsträge und unfähig, mit irgendetwas zu reagieren. In der Welt gäbe es keine Moleküle – und auch keine Physiker, die der Funktionsweise der Materie auf die Schliche zu kommen versuchen.

All dies gilt nicht für Bosonen. Sie können unbeschränkt ein und denselben Quantenzustand einnehmen. Diese Eigenschaft ermöglichte es unter anderem, Laser zu entwickeln, gebündelte Lichtstrahlen, in denen sich Photonen in unbegrenzter Anzahl den gleichen Quantenzustand teilen. Man könnte sagen, dass wir ohne ein Verständnis der Gesetze, die das Leben der Bosonen regeln, heute keine Kurzsichtigkeit heilen, an der Supermarktkasse keine Strichcodes von Produkten scannen und auch keine Informationen über Glasfasern übermitteln könnten. Wie wir weiter hinten im Buch sehen, spielt das Pauli-Prinzip auch bei der Entwicklung der Sterne eine wichtige Rolle. Und dass Bosonen von ihm ausgenommen sind, machte es sogar möglich, neue Materiezustände zu konstruieren.

Aber was ist eigentlich Masse?

Ein Eckpunkt des Standardmodells ist die Vereinheitlichung der elektromagnetischen und der schwachen Kraft. Die Theorie ist auf der Hypothese errichtet, dass diese beiden scheinbar so unterschiedlichen Kräfte in Wahrheit verschiedene Erscheinungsformen von ein und derselben Kraft, der *elektroschwachen* Wechselwirkung, sind. Mit ihrer Entdeckung hat sich im 20. Jahrhundert, hundert Jahre nach der Vereinheitlichung der Elektrizität und des Magnetismus, die Geschichte wiederholt.

Alles ging aus einer formalen Analogie hervor, welche die Intuition bestätigte, von der Enrico Fermi ausgegangen war. Die Gleichungen, die die beiden Kräfte beschreiben, ähneln einander, und das kann kein Zufall sein. Die elektroschwache Kraft wurde von den amerikanischen Physikern Sheldon Glashow und Steven Weinberg sowie dem Pakistaner Abdus Salam eingeführt, mit einer

Theorie, in der sie als Austauschteilchen neben den Photonen ein Triplett von weiteren Bosonen vermuteten, bestehend aus zwei geladenen, den sogenannten W^+- und W^--Bosonen, sowie einem neutralen, dem Z-Boson. Einige Jahre später gelang Gerardus 't Hooft, einem holländischen Doktoranden, der Nachweis, dass die Theorie berechenbar war, also nicht in die Widersprüche geriet, die der Alptraum jedes Theoretikers sind. An diesem Punkt waren die letzten Zweifel ausgeräumt. Alle gelangten schließlich zu der Überzeugung, dass der eingeschlagene Weg der richtige war – auch wegen der sich häufenden experimentellen Bestätigungen für die Vorhersagen des Standardmodells, darunter durch die Entdeckung des W- und des Z-Bosons, die 1983 Carlo Rubbia am CERN gelang.

Der Erfolg dieser Theorie trug allen Beteiligten am großen Abenteuer einen Nobelpreis ein: Glashow, Weinberg und Salam 1979, Rubbia 1984 und t'Hooft 1999. Seither wurden die Vorhersagen des Standardmodells immer stringenter überprüft und mit eindrucksvoller Präzision bestätigt.

Ein Problem an dieser Theorie blieb allerdings über Jahrzehnte ungelöst: die Frage der Masse. Wie wir weiter oben sahen, verschafft das ultraleichte Photon der elektromagnetischen Kraft eine endlose Reichweite, während die massereichen W- und Z-Bosonen die schwache Kraft nicht über subnukleare Entfernungen hinaus übertragen können. Aber wenn sich das Standardmodell auf die Annahme der elektroschwachen Vereinigung gründete, wie konnte dann das masselose Photon die gleiche Wechselwirkung tragen wie das W- und das Z-Boson, die fast so viel wie hundert Wasserstoffatome wogen? Welcher Mechanismus gab dem W- und dem Z-Boson ihre Masse und unterschied sie vom Photon? Und was genau war Masse überhaupt?

Um die Mitte des 20. Jahrhunderts standen die Wissenschaftler vor einem Problem, dem über Jahrhunderte niemand Aufmerksamkeit geschenkt hatte, nicht einmal die bedeutendsten Physiker. Es betraf eine physikalische Größe, die so bekannt war, dass sich keiner jemals die Frage gestellt hatte, ob sich hinter ihrem banalen Anschein nicht etwas Komplizierteres verbergen könnte.

Massen abzuwiegen, ist wohl die einzige physikalische Messung, die schon seit Jahrtausenden von der gesamten Menschheit praktiziert wird. Man muss kein Physiker sein, um auf einer Waage das eigene Gewicht zu kontrollieren oder sich beim Einkauf auf dem Markt die richtige Menge Äpfel geben zu lassen. Die Masse eines Körpers wird als so selbstverständlich vorausgesetzt, dass sich um sie herum ein schwer totzukriegendes Vorurteil gebildet hat.

Der Begriff «Masse», abgeleitet aus dem griechischen μᾶζα *(maza)*, verwies ursprünglich auf einen Teig aus Getreide. Weil jedes materielle Objekt mit ihr ausgestattet ist, galt die Masse von jeher als eine inhärente Eigenschaft der Körper. Niemand fragte sich je, ob sie auch eine erworbene, also keine innewohnende Qualität sein könnte.

Das Problem übersahen nicht nur die Philosophen und großen Denker, sondern sogar die Riesen unter den neuzeitlichen Wissenschaftlern, die sich mit der Masse in verschiedenen Zusammenhängen beschäftigt hatten: so Galilei, der feststellte, dass die Beschleunigung von Körpern im freien Fall von deren Masse unabhängig war, oder Newton, der bei der Ausformulierung der universellen Gravitationsgesetze erkannt hatte, dass die Anziehungskraft zwischen zwei Körpern von deren Masse ausging. Mit Newton verlor sie ihr Merkmal als ein regloses Substrat und wurde zu etwas Lebendigem, das mit dem gesamten Universum wechselwirkte. Dabei blieb sie aber immer noch eine inhärente Eigenschaft der Materie. Dem Vorurteil hing sogar noch Einstein an, einer der ideenreichsten Geister überhaupt. Wegen der Äquivalenz von Energie und Masse wurde Letztere zu einer hochkonzentrierten Form von Energie, die mit der Geschwindigkeit der Körper zunahm. Damit war sie keine statische Eigenschaft mehr, sondern etwas Veränderliches und Wechselhaftes, das eng mit der Bewegung der materiellen Körper zusammenhing. In der Allgemeinen Relativitätstheorie wurde die Masseenergie sogar zu einer aktiven materiellen Substanz, die die Raumzeit krümmt und dynamisch mit jeder anderen, beliebig verteilten Konzentration von Masseenergie wechselwirkt.

Aber nicht einmal Einstein kam der Verdacht, dass sich hinter dieser so vertrauten Anschauung etwas weitaus Grundlegenderes verbergen könnte, das uns ein besseres Verständnis dessen ermöglichen würde, wie unser Universum entstanden ist.

Um das Standardmodell der Elementarteilchen auf ein solides Fundament zu stellen, musste der Mechanismus gefunden werden, der die elektroschwache Symmetrie gebrochen, also dem Photon seine Masse entzogen und das W- und das Z-Boson massereich gemacht hatte. Und dann brachten drei junge Physiker das jahrtausendealte Vorurteil zum Einsturz, laut dem die Masse eine inhärente Eigenschaft der Materie war. Wie sie zeigen konnten, ging sie vielmehr aus der Wechselwirkung mit einem neuentdeckten physikalischen Feld hervor. Mit nur etwas mehr als dreißig Jahren schlugen sie 1964 eine Theorie vor, die den Blick der Menschheit auf das Konzept der Masse für immer verändern sollte.

Die Jungs von 1964

Im Jahr 1959 reist der belgische Physiker François Englert mit siebenundzwanzig Jahren erstmals in die Vereinigten Staaten, in der Tasche ein Forschungsvertrag zur Arbeit an der Cornell University. Vom Flughafen in Ithaca, dem Städtchen, das die angesehene akademische Einrichtung beherbergt, wird er von dem jungen Professor abgeholt, dem er als Assistent dienen wird: Dieser Robert Brout, einunddreißig Jahre alt, ist ein brillanter amerikanischer theoretischer Physiker. Wie François jüdischer Abstammung, hat er in Columbia, New York, studiert und seine hiesige Stelle erst kürzlich angetreten. Er ist mit einem alten Buick gekommen, der einem Schrotthaufen gleicht. Um ein bisschen zu plaudern, machen die beiden in einem Café halt. Sie unterhalten sich angeregt und führen ihre Gespräche bei Brout zu Hause fort. Sie dauern die ganze Nacht. Bei Kaffee und Hochprozentigem diskutieren sie über Physik und Frauen, über das Leben und die Politik. Als sie sich vor dem Zubettgehen verabschieden, sind sie sich sicher, dass sie eine Freundschaft fürs Leben geschlossen haben.

Englert kehrt 1961 nach Europa zurück, weil ihm die Freie Universität Brüssel einen Lehrstuhl angeboten hat. Kurz darauf wechselt Robert Brout an die gleiche Universität. In Europa fühlt er sich bald so wohl, dass er am Ende die amerikanische Staatsbürgerschaft ablegen und die belgische annehmen wird.

Die beiden theoretischen Physiker sind aufgeweckte und extrovertierte Charaktere. Sie haben einen ausgeprägten Sinn für Humor, schätzen gute Küche und schöne Frauen und spielen gerne Kollegen einen Streich. Mit ihrer ansteckenden Begeisterung fesseln sie ihre Studenten. In der Forschung interessieren sie sich für viele Fragen, beschließen aber 1964, sich mit den Entwicklungen in der Teilchenphysik zu beschäftigen. Da bislang vor allem mit Festkörperphysik befasst, betreten sie damit Neuland. Sie zögern zunächst, einen Artikel, den sie verfasst haben, bei einer Fachzeitschrift einzureichen. Weil sie sich nicht als Experten sehen, befürchten sie, sich zu blamieren. Vielleicht haben sie Unfug zusammengeschrieben oder bei ihren Überlegungen etwas Wesentliches übersehen. Aber die Lösung des Problems, mit dem sich die renommiertesten theoretischen Physiker der Welt das Gehirn zermartern, liegt für sie auf der Hand. Sie ist so einfach, dass sie geradezu banal erscheint.

Sie haben einen Mechanismus am Werk gesehen ähnlich dem, der in anderen Situationen in der Festkörperphysik, ihrem Fachgebiet, auftritt, und schlagen ihn deshalb auch für das besagte Problem als Lösung vor: die Vereinheitlichung der fundamentalen Wechselwirkungen.

Wenn die Gleichungen für die beiden Wechselwirkungen, die elektromagnetische und die schwache, dieselben sind, dann kann das, was die Symmetrie zwischen den Trägerteilchen, dem Photon und dem W- sowie dem Z-Boson, bricht, nur das Medium sein, in dem diese sich ausbreiten. Die Erklärung ist simpel: Das Vakuum ist nicht leer. Ein neues, mit Masse ausgestattetes Teilchen durchzieht darin jeden Winkel mit seinem Feld.

Es ist gut nachvollziehbar, warum die beiden Physiker zunächst von niemandem ernst genommen werden. Dass ihr Artikel nach dem Erscheinen keinerlei Beachtung findet, überrascht nicht. Die weltweit bedeutendsten Experten in theoretischer Physik zerbrechen sich den Kopf über eine Lösung, und dann kommen zwei namenlose Neulinge mit einer verrückten Hypothese daher und wollen recht haben.

Ihrer Behauptung nach soll das gesamte Universum bis in den letzten Winkel von etwas Feinem und Geheimnisvollem durchwirkt sein, das angeblich nur sie erkannt und verstanden haben. Obwohl sich die beiden jungen Wissenschaftler über die ausbleibenden Reaktionen nicht wundern dürfen, sind sie so enttäuscht, dass sie sich eine Zeitlang überlegen, die Teilchenphysik aufzugeben und sich mit etwas anderem zu befassen.

Wie der Zufall es will, nimmt wenige Wochen später dieselbe Zeitschrift einen anderen Artikel an, dessen Verfasser ebenfalls jung und noch unbekannt ist. Er befasst sich mit derselben Thematik, nur aus einem ganz anderen Blickwinkel. Aber seine Schlussfolgerungen ähneln stark denen von Brout und Englert.

Der Verfasser Peter Higgs, ein englischer Physiker, ist mit seinen fünfunddreißig Jahren ein Altersgenosse der beiden Belgier, aber in jeder Hinsicht anders. Als mathematischer Physiker steht er am Anfang seiner Laufbahn und ist vor kurzem als Assistent nach Edinburgh berufen worden. Menschenscheu und zurückhaltend, fast misanthropisch, arbeitet er gerne für sich. Die Kollegen halten ihn für abweisend und irgendwie exzentrisch. Seine einzigen Leidenschaften sind Bergwanderungen mit seiner heiß und innig geliebten Frau, einer amerikanischen Sprachwissenschaftlerin, und sein politisches Engagement.

Er macht aus seinen Anschauungen keinen Hehl: Seit seiner Studienzeit in Bristol ist er in der linken englischen Arbeiterbewegung aktiv. Er hat gewerkschaftliche Arbeitskämpfe unterstützt, an der Kampagne zur atomaren Abrüstung (CND) mitgewirkt und sich die Hacken auf Friedensmärschen abgelaufen. Weil er nicht in der Teilchenphysik promoviert hat, wird er mit snobistischem

Unterton immer behaupten, er sei in Sachen Materie nicht kompetent.

Im Sommer 1964 schreibt er einen seiner ganz wenigen Artikel und reicht ihn kurz vor seiner Abreise in die Ferien bei der Zeitschrift ein. Die erste Version wird abgelehnt. Higgs muss sich wider Willen für einige Wochen nochmals an die Arbeit setzen, um den Text nach den Forderungen der Gutachter farbiger und präziser auszugestalten.

Am Ende liegen seine Schlussfolgerungen klarer zutage: Ja, die spontane elektroschwache Symmetriebrechung kommt infolge eines Skalarfelds zustande, das das Produkt eines neuen, mit Masse ausgestatteten Bosons ist. In dieser Form erscheint der Artikel wenige Wochen nach Brouts und Englerts Veröffentlichung, die Higgs in seiner Arbeit denn auch angeführt hat.

Als wir viele Jahre später in Stockholm auf seine soeben verliehene Medaille anstießen, vertraute mir Peter an: «Ich denke immer, die Welt ist doch merkwürdig: Wenn mein Artikel 1964 nicht abgelehnt worden wäre, stünde ich heute Abend nicht hier.»

Der vorgeschlagene Mechanismus, um die Trennung der beiden Wechselwirkungen zu erklären, ist einfach. Wenn man ihn in wenigen Gleichungen zusammengefasst sieht, ist er fast offensichtlich. Er ist wohl eine dieser genialen Lösungen, auf die nur deshalb noch niemand gekommen ist, weil sie als Erklärung allzu banal erscheinen. Die Masse, die bekannteste aller Eigenschaften, birgt eine Falle. Die ultraleichten Leptonen und die schwereren Quarks entstehen alle gleichermaßen ohne Masse. Es ist das alles im Universum durchziehende Higgs-Feld, das die Auswahl trifft und die massereichen Teilchen von den leichten differenziert. Je stärker die Wechselwirkung mit dem Feld, desto größer ist die dem Teilchen zugewiesene Masse. Das Photon wechselwirkt überhaupt nicht mit ihm, während sich das W- und das Z-Boson in ihm verstricken und ultramassereich werden. Die Masse ist somit keine inhärente Eigenschaft der Materie, sondern die Folge eines Geschehens.

Entgegen möglichen Erwartungen zeigte die Veröffentlichung der Arbeiten keinerlei Wirkung. In den Worten von Higgs: «Unsere

Artikel wurden anfangs vollständig ignoriert.» Aber langsam änderten sich die Dinge: Zum einen erschien die vorgeschlagene Erklärung einfach und elegant, und zum anderen fand sie einen außergewöhnlichen Fürsprecher. Steven Weinberg, der Vater der elektroschwachen Vereinheitlichung, führte den Higgs-Mechanismus in seinen Artikeln und seinen Seminaren immer häufiger als das Schlüsselelement des elektroschwachen Symmetriebruchs an.

Doch kaum stellten die angesehensten Wissenschaftler der Welt das Werk der Jungs von 1964 ins Zentrum des Standardmodells, begannen die Probleme: Während die Teilchen, die von der Theorie vorhergesagt wurden, alle der Reihe nach entdeckt wurden, fehlte von dem für das neue Feld verantwortlichen Teilchen jede Spur. Anscheinend war niemand in der Lage, das phantomhafte Teilchen aufzufinden, auf dessen Existenz die gesamte Konstruktion ruhte. Am Ende kamen Zweifel auf, ob es das Higgs-Boson tatsächlich gab.

Genf, 8. November 2011

Auch wenn heute mein Geburtstag ist, beginnt der Morgen wie jeder andere: mit dem Klingeln des Weckers um sieben Uhr, reichlich Kaffee aus der alten Espressokanne und einem Blick am Computer ins Logbuch von Cessy, um sicherzugehen, dass *il bimbo* eine ruhige Nacht verbracht hat.

Mit diesem Kosenamen, den toskanische Eltern für ihre Kleinkinder verwenden, habe ich den Teilchendetektor Compact Muon Solenoid (CMS) schon immer bezeichnet. Ich bin seit einiger Zeit *Spokesperson* des CMS, was wörtlich «Sprecher» bedeutet, in der Praxis aber für die Person steht, der die Leitung der Zusammenarbeit von über dreitausend Wissenschaftlern auf der ganzen Welt übertragen worden ist.

Ich war Teil des Häufleins der Visionäre, die zu Anfang der Neunzigerjahre von ihm geträumt hatten, bis er dann entworfen und auch gebaut wurde. Für uns war er stets unser «Kindchen», obwohl er über vierzehntausend Tonnen wiegt und so hoch wie ein vierstöckiges Wohnhaus ist.

Der CMS ist eine Kathedrale moderner Technik, eingebaut in eine gewaltige Höhle, die nahe der französischen Gemeinde Cessy bei Genf rund hundert Meter unter der Erde ausgeschachtet wurde. Eben hier unten, im Kern des CMS, ereignen sich die Kollisionen der gebündelten hochenergetischen Protonen, die im Large Hadron Collider (LHC) beschleunigt werden. Der Detektor, bestehend aus einer Reihe konzentrischer Schalen mit Sensoren, ist eine Art gigantischer digitaler Fotoapparat, der die Teilchen identifiziert, die aus den Crashs hervorgehen. Und die folgen mit der atemberaubenden Geschwindigkeit von einer Milliarde pro Sekunde aufeinander.

Für seinen Bau und seine Inbetriebnahme haben wir fünfundzwanzig Jahre gebraucht und bis dahin so viele Krisen erlebt, dass es uns immer noch unwirklich erscheint, dass alles perfekt funktioniert. Die Generation vor uns ist dem Higgs-Boson über Jahrzehnte nachgejagt, ohne es jemals aufzuspüren. Jetzt sind wir an der Reihe, auch wenn uns jeden Tag die Angst vor dem Scheitern verfolgt.

In dieses Unternehmen haben wir uns mit dem Mut und Leichtsinn einer Generation aus Dreißig- bis Vierzigjährigen hineingestürzt, die sich von nichts und niemandem aufhalten lassen will. Wir haben eine gigantische Anlage mit so komplexen Detektoren vorgeschlagen, dass uns zunächst alle für verrückt hielten. Und tatsächlich wäre es mit der Technologie der Neunzigerjahre auch unmöglich gewesen, das Projekt zum Erfolg zu führen. Es brauchte wahrhaft eine Generation von tollkühnen und visionären Verrückten, um sich kopfüber in die Arbeit zu stürzen und Tausende junger Forscher überall auf der Welt mit einzubeziehen. Das Geheimnis bestand darin, einen weiten Sprung bei den Erkenntnissen zu erreichen und neue Sensoren auszutüfteln, innovative Materialien zu erfinden und moderne Technik zu entwickeln, um zu den notwendigen qualitativen Verbesserungen zu gelangen. Und schließlich ist es uns gelungen – nach Jahrzehnten des Leidens und wahnwitziger Anstrengungen.

Wir sind durch die Hölle gegangen und haben dabei jede Art von Krise überstanden: nicht funktionierende Sensoren, Materialien, die nicht hergestellt werden konnten, explodierende Kosten, nicht mehr zu haltende Termine und schreckliche Zwischenfälle wie der in der Anfangszeit des LHC, bei dem Dutzende Magnete beschädigt wurden und der Beschleuniger für über ein Jahr ausfiel.

Aber am Ende haben wir es geschafft. Jetzt sind wir so weit. Wir haben Daten gesammelt und zahlreiche Artikel veröffentlicht. Jetzt steht alles für die Jagd auf das Higgs bereit. Im Verlauf dieses Jahres 2011 hat der LHC wunderbar funktioniert und uns viel mehr Kollisionen als vorgesehen beschert. Tatsächlich haben Fabiola Gianotti, die ATLAS, das andere Experiment, leitet, und ich unsere Freunde im Projekt fast jeden Tag mit der Aufforderung gequält, sich außergewöhnlich anzustrengen und uns die benötigten Statistiken zu erstellen. Und sie haben uns erhört. Wir haben genügend Daten zusammengetragen, um über dieses vertrackte Boson erste Aussagen treffen zu können.

Seit Monaten mühen sich Hunderte junge Leute mit der Auswertung der Daten ab, die wir auf einer Festplatte abgespeichert haben, und in den letzten Wochen hat die Arbeit fieberhafte Züge angenommen.

Das Ende des Sommers war eine Achterbahnfahrt. Irgendwann schien sich etwas zeigen zu wollen, aber dann verschwand alles wieder. Es sind die Schwankungen, die Launen der Statistik: Einige Wochen lang sieht es so aus, als erscheine ein Signal, aber dann dünnen sich in der interessant erscheinenden Region die Daten aus, und alles kehrt zur Normalität zurück.

Die Auswertung der Daten geschieht in Gruppen aus rund fünfzehn zumeist jungen Physikern. Diese brillanten und rastlosen Köpfe konzentrieren sich auf eine bestimmte Art des Zerfalls des Higgs-Bosons. Die Gruppen arbeiten unabhängig voneinander an verschiedenen Kanälen und tauschen sich nur in größeren Abständen über das Geschehen aus. Aber ich als *Spokesperson* kann an sämtlichen Konferenzen teilnehmen, tue dies regelmäßig und verfolge insbesondere die Arbeit der zwei oder drei Gruppen, die die vielversprechendsten Zerfallskanäle untersuchen: Sie müssten als Erstes etwas zum Vorschein bringen, wenn das vertrackte Teilchen wirklich existiert.

Gerade heute, am 8. November 2011, versammeln sich morgens – mit einer Stunde Abstand – die jeweils Beteiligten beider Gruppen, die mit der Peakanalyse befasst sind. Wie üblich, weiß die eine nicht, was die andere tut. «Guido, da hat sich dieser merkwürdige Überschuss bei ungefähr 125 GeV gezeigt», erfahre ich von der einen. Ohne mir große Begeisterung anmerken zu lassen, nehme ich es zur Kenntnis. Dann kontaktiere ich die zweite Gruppe: «Wir meinen, dass sich bei 125 GeV etwas abspielt.» Jetzt rufe ich beide Gruppen zusammen. Viel gibt es nicht zu besprechen, und niemand sagt etwas von Entdeckung, aber glänzende Augen haben alle. «Womöglich habt ihr mir das schönste Geburtstagsgeschenk gemacht, das ich mir vorstellen kann. Aber es ist noch zu früh. Jetzt möchte ich nur, dass ihr alles unternehmt, um es auszuschließen.»

Das ist die am wenigsten bekannte Seite unserer Arbeit. Außerhalb der Expertenkreise herrscht die Vorstellung, dass die Physiker, die mit dem Hinweis auf ein Signal konfrontiert werden, alles tun, um es verstärkt, deutlicher zum Vorschein zu bringen. In Wirklichkeit ist genau das Gegenteil der Fall: In diesen Fällen vergrößern wir die Anstrengungen, damit es verschwindet. Wir müssen ausschließen, dass es sich um eine tückische statistische Schwankung im Untergrund handelt, dass wir fehlerhafte Simulationsmodelle erstellt haben oder dass bei der Auswahl der Ereignisse oder bei der Herstellung der Rekonstruktionssoftware Fehler unterlaufen sind. Erst nach diesem Prozess, wenn wir keine Ursache finden konnten, die das in den Daten aufgetauchte Signal erklärt, sind wir am Ziel und geben die Ergebnisse bekannt. Diese Veröffentlichung ist zugleich eine Aufforderung an unbeteiligte Kollegen, unsere Arbeit zu überprüfen und nach möglichen anderen Fehlerquellen zu suchen.

Seit dieser Konferenz hat die Arbeit, das Signal zum Verschwinden zu bringen, zu keinem Ergebnis geführt. Die Anomalie hielt allen Überprüfungen stand. Ende November war klar, dass sich ein Überschuss an Ereignissen ähnlich dem unseren auch in den Daten des ATLAS-Experiments zeigte. Die übrige Geschichte ist bekannt.

Erste vorläufige Ergebnisse wurden der Öffentlichkeit am 13. Dezember 2011 in einem Sonderseminar mit anschließender Pressekonferenz bekannt gegeben. Aber das Signal war noch zu schwach, um etwas Endgültiges zu verkünden. In den ersten sechs Monaten des Jahres 2012 wurden weitere Daten gesammelt, und als dieses schüchterne Signal in beiden Experimenten erneut auftauchte, waren alle Zweifel beseitigt. Am 4. Juli 2012 gaben ATLAS und CMS mit einem zweiten Sonderseminar der Welt ihre Entdeckung bekannt.

Ein seltsames Feld, das das gesamte Universum besetzt

Das wahnwitzige Rennen, um das Higgs-Boson aufzuspüren, hat uns keine Atempause gegönnt. Während und nach seiner Entdeckung begleitete uns eine mediale Aufmerksamkeit, wie wir sie noch nie erlebt hatten. Wir erhielten Auszeichnungen und Dankesbekundungen, die wir sehr genossen, aber nichts war mit den Gefühlen zu vergleichen, die wir angesichts der ersten Signale des Higgs verspürt hatten. Niemand von uns wird je vergessen, was wir bei dem Bewusstsein empfanden, zu den Ersten zu gehören, die die Spuren eines Teilchens sahen, nach dem seit fast fünfzig Jahren gefahndet worden war – und welche bange Aufregung sich in den Augen der jungen Leute spiegelte, die an vorderster Front die Grenzen des Wissens verschoben.

In diesen turbulenten und aufregenden Monaten blieb zum Nachdenken keine Zeit. Erst in der Rückschau, als wieder etwas Ruhe in unsere Gemüter eigekehrt war, wurde uns bewusst, was wir erreicht hatten.

Die Entdeckung des Higgs-Bosons ist dazu angetan, als ein Zeichen für Jahrzehnte, wenn nicht für Jahrhunderte in Erinnerung zu bleiben. Sie hat die Trennlinie zwischen einem Davor und einem Danach gezogen. Heute können wir im Einzelnen den Mechanismus beschreiben, der die elektroschwache Symmetrie bricht und zwischen Quarks und Leptonen differenziert.

Die gelungene präzise Messung der Masse des Higgs-Bosons ermöglicht es uns, die ersten Augenblicke im Leben unseres Universums zu rekonstruieren. Eine hundertstel milliardstel Sekunde nach dem Urknall ist der neugeborene Kosmos noch ein ungeheuer dichtes und heißes Objekt, das sich mit gewaltiger Geschwindigkeit ausweitet. Mit zunehmender Ausdehnung verringert sich seine Temperatur. Es enthält bereits die gesamte notwendige Masse und Energie des uns vertrauten gigantischen Universums, aber nichts von dem, was sich in seinem Inneren abspielt, wäre erkennbar. Es ist eine immense Wolke aus Elementarteilchen, die allesamt ohne Masse mit Lichtgeschwindigkeit überall herumflitzen.

Doch plötzlich ändert sich alles. Kaum sinkt die Temperatur unter die kritische Marke ab, oberhalb derer das Higgs-Boson wie seine Gefährten noch überall frei herumschwirren kann, findet ein Phasenübergang statt: Sein Feld erstarrt zu einem stabilen Zustand, und Myriaden freier Higgs-Bosonen werden in dieser neuen Struktur für immer eingeschlossen. Das Vakuum gewinnt eine neue Eigenschaft: Bereichert durch die Anwesenheit der Higgs-Bosonen, wird es zu einem elektroschwachen Vakuum, und die Teilchen, die sich durch es hindurchbewegen, beginnen, sich je nach Intensität ihrer Wechselwirkung mit dem neuen Feld auszudifferenzieren. Dabei entstehen die uns heute bekannten Teilchen: Leptonen und Quarks trennen sich, während W- und Z-Bosonen massereich werden. In diesem Moment entsteht der Mechanismus, der es der Materie ermöglicht, ihre heute gut bekannten beständigen und dauerhaften Formen anzunehmen.

Die stabile Materie, die über Jahrtausende als Monopol die philosophische Diskussion beherrschte, würde ohne das Higgs-Boson nicht existieren. Ohne sein Feld gäbe es keine leichten

Quarks, die sich zu den ersten Protonen verbanden. Und auch die Elektronen hätten nicht die charakteristische geringe Masse, die es ihnen ermöglichte, zu gegebener Zeit in einen Umlauf um die ersten Kerne einzutreten und mit ihnen so Atome zu bilden.

Wir haben den delikaten und subtilen Mechanismus aufgedeckt, der unser Universum auf das Gleis setzte, das zum Aufbau der beständigen materiellen Objekte führte: Atomkerne, Atome, Stäube, Sterne, Galaxien, Planeten und immer weiter bis zu uns. Ohne das Higgs-Boson gäbe es all dies nicht. Heute wissen wir etwas, was bis vor einigen Jahrzehnten noch unbekannt war. Seinetwegen müssen wir die Lehrbücher der Physik umschreiben.

Die Seltsamkeit des Higgs und die vielen in ihm verborgenen Geheimnisse

Mit der Entdeckung des Higgs-Bosons ist das Standardmodell vollständig. Aber der Neuankömmling ist ein seltsames Teilchen, das nicht zufällig immer etwas abseits dargestellt wird. Es gehört nicht zur Familie der Materieteilchen, den Leptonen und Quarks, weil es ein Boson ist. Aber es hat auch mit den anderen Bosonen, die Wechselwirkung tragen, nur wenig gemein. Es ist nämlich ein Skalar, hat also den Spin null. Es ist das erste – und das einzige – skalare Elementarteilchen des Standardmodells.

Es erscheint wie das allereinfachste Teilchen, eines, das ein Kind zeichnen könnte: eine Art elementarer Prototyp, schnörkellos, aufs Minimum reduziert und ausschließlich durch Masse charakterisiert. Und doch spielt es eine grundlegende Rolle. Weil es mit den bekannten Teilchen wechselwirkt, aber auch mit den noch zu entdeckenden, sofern es sie gibt, wirkt es wie eine Art Antenne, insofern es mit jeder Form von Materie in eine Beziehung eintreten kann. Deswegen kommt der Messung aller seiner Eigenschaften wesentliche Bedeutung zu. Derzeit erscheint alles normal. Das Higgs-Boson zeigt gegenüber den Vorhersagen keinerlei erhebliche

Anomalien, aber angesichts der Ergebnisse ist nicht auszuschließen, dass sich hinter ihm etwas Seltsames verbirgt.

So könnte es zum Beispiel der erste Vertreter einer ganzen Familie weiterer skalarer Teilchen sein. Das Standardmodell sieht dies nicht vor, aber die Natur könnte für Überraschungen sorgen. In den Daten des LHC könnte durchaus eine Art Vetter des Higgs-Bosons auftauchen, irgendein weiteres Mitglied einer größeren Familie. Dann müssten wir sofort das Gesamtbild überarbeiten.

Das neue Teilchen könnte sich auch als das Einfallstor zur Entdeckung neuer Teilchen erweisen, vielleicht sogar extravaganter oder solcher mit bizarrem Verhalten: fast stabile, die langsam über Tage oder Wochen unsere Anlagen durchstreifen und dann in eine Flut aus bekannten Teilchen zerfallen, vielleicht erst, wenn die Datenaufnahme bereits abgeschlossen ist, oder unsichtbare Teilchen, Gespenster, die lautlos und ohne eine Spur zu hinterlassen, durch unsere Detektoren spuken. Sich auf Überraschungen gefasst zu machen, auch ungewöhnlichste Verhaltensweisen der Materie zu berücksichtigen, ist eine der schwierigsten Aufgaben unserer Arbeit.

Das Higgs-Boson könnte uns auch Neues mit Blick darauf verraten, welche Rolle es beim materiellen Aufbau unseres Universums gespielt hat. Dass diese grundlegend war, wissen wir bereits, aber vielleicht war sie noch bedeutender, als wir uns vorstellen.

Eine eher mysteriöse Phase am Anfang unseres Universums ist die sogenannte kosmische Inflation: Aus einer Quantenfluktuation des Vakuums bildet sich ein winziges Raumzeitbläschen, das sich mit einer Handvoll Inflatonen füllt. Die Hypothese zu diesen seltsamen Teilchen sollte den Ablauf dessen erklären, was wir gewöhnlich als Urknall bezeichnen: eine uranfängliche extrem rasche Expansion des Universums. Die Inflatonen sind skalare Teilchen; nur sie können die winzige Portion der Raumzeit, die sie erfüllen, über alle Maße ausdehnen. Laut einer Vermutung sei es ebendas Higgs-Boson, der erste in der Natur beobachtete fundamentale Skalar, gewesen, der auch in den allerersten Momenten der Entwicklung unseres Universums eine Rolle gespielt habe. Aber für eine Bestätigung reichen die verfügbaren Daten noch nicht aus. Zur Klärung der Frage, ob wirklich das Higgs-Boson die Inflation ausgelöst hat, braucht es weitere Untersuchungen.

Infolge der Entdeckung dieses Teilchens erleben wir eine Art magischen Moment in der Physik. Einerseits haben wir ein Kapitel abgeschlossen, das fast fünfzig Jahre lang offengeblieben war. Mit dem Auftauchen dieses letzten noch fehlenden Puzzleteils ist das Standardmodell der Elementarteilchen vollständig. Aber während wir einen weiteren Triumph dieser Theorie feiern, wissen wir andererseits nur zu gut, dass es immer noch eine beschämend lange Liste von Phänomenen gibt, für die dieses Modell keinerlei Erklärung liefert.

Zunächst einmal ist die Gravitation, die geläufigste Wechselwirkung, darin nicht enthalten. Die Mechanismen, die Massen und Neutrinohierarchien festlegen, sind völlig unbekannt. Wir wissen nicht, wo die Antimaterie bei der Entstehung des Universums geblieben ist. Und die Grundkräfte der Natur konnten wir bislang auch noch nicht auf konsistente Weise vereinheitlichen.

Dabei macht vor allem eine Eigenschaft das Higgs-Boson zu einem ganz besonderen Teilchen. Die inhärenten Mechanismen der Quantenmechanik verraten uns, dass jedes Teilchen dauerhaft von einer Art Wolke aus virtuellen Teilchen umgeben ist. Diese Gespensterteilchen werden für einen ultrakurzen Augenblick aus dem Vakuum extrahiert und von ihm sofort wieder absorbiert. Dieser unvermeidliche Mechanismus würde beim Higgs-Boson zu einem unkontrollierten Anwachsen seiner Masse führen. Wir kennen keinen Mechanismus, der ein skalares Teilchen vor diesem Phänomen bewahren könnte, und doch hält sich die Masse des Higgs unveränderlich bei 125 GeV.

Es muss eine Erklärung geben. Vielleicht existieren neben den bekannten massereichen Teilchen des Standardmodells weitere, die es umschwirren und so die Effekte des genannten Mechanismus aufheben. Oder das Higgs wird auf anderen Wegen von dieser unaufhaltsamen Massenzunahme bewahrt.

In vielerlei Hinsicht birgt das Higgs-Boson wohl noch viele Geheimnisse.

6.

Leuchtende und schwarze Sterne

Neugierde und Erkenntnisdrang bilden den Motor aller wissenschaftlichen Forschung. Die Neugierde scheint dem Menschen angeboren zu sein, als Ergebnis einer Evolution, die den Hominiden ein geistiges Werkzeug an die Hand gab, damit sie ihre Umgebung erkunden und deren Möglichkeiten besser ausschöpfen können. Schon ein Gespräch mit einer Gruppe Kinder über kompliziertere Themen – die Funktionsweise eines Flugzeugs oder die Entstehung des Sonnenlichts – zeigt sofort, auf welch ungewöhnliche gedankliche Wege sich die jüngsten und flexibelsten Geister begeben und mit welcher Freude sie dies tun.

Anderseits erzählen uns Mythen von diesem Wissensdurst als einem unbezwingbaren Drang, der so unwiderstehlich ist, dass er mitunter schlimmste Katastrophen heraufbeschwört. Adam, der erste Mensch, bricht den Zauber des Garten Edens, als er in die verbotene Frucht beißt. Er weiß genau, dass er mit der Verletzung dieses Tabus sein ewiges Leben verspielt und sich Leid und Tod einhandelt, aber das Bedürfnis, vom Baum der Erkenntnis zu kosten, ist stärker als jedes göttliche Gebot.

Dieses Motiv ist auch in Homers Mythos der Sirenen gegenwärtig, die Seeleute mit ihrem betörenden Gesang ins Verderben locken. Neugierig ersinnt Odysseus eine List, um sich diesen Vogelwesen mit dem Frauengesicht nähern zu können, ohne dass sein Schiff an den Klippen zerschellt.

«Komm, besungner Odysseus, du großer Ruhm der Achaier! / Lenke dein Schiff ans Land, und horche unserer Stimme. / Denn hier steurte noch keiner im schwarzen Schiffe vorüber, / Eh' er dem süßen Gesang aus unserem Munde gelauschet; / Und dann ging er von hinnen, vergnügt und weiser wie vormals. / Uns ist alles bekannt, was ihr Argeier und Troer / Durch der Götter Verhängnis in Trojas Fluren geduldet: / Alles, was irgend geschieht auf der lebensschenkenden Erde!» (*Odyssee,* XII, Verse 184–191).

Die Literaturkritik deutete den verführerischen Sirenengesang häufig als ein Bild für die verderblichen Lockungen der Sinnlichkeit. Dabei hebt der Wortlaut in der *Odyssee* ausdrücklich auf das Wissen ab, das dieser Gesang vermittelt: «Uns ist alles bekannt [...] was irgend geschieht auf der lebensschenkenden Erde.»

Es ist die Begeisterung für das Wissen, die Odysseus dazu antreibt, sein Schicksal herauszufordern. Diese Deutung findet sich bereits in Ciceros philosophischem Dialog *Vom höchsten Gut und vom größten Übel*: «Sie pflegten die Vorüberfahrenden nicht durch ihre süßen Stimmen oder durch eine neue und wechselnde Weise des Gesanges an sich zu ziehen, sondern sie sprachen von ihrem reichen Wissen, damit die Menschen in Folge ihrer Wissbegierde an [ihren] Felsen haften blieben.»

Der italienische Ausdruck für «Wissbegier» – *desiderio di conoscere* – hat eine interessante Etymologie, die zu verschiedenen, teils widersprüchlichen Interpretationen geführt hat. Er leitet sich vom lateinischen Wort *de-sidera* für «den Abstand zu den Sternen wahrnehmen» her. Demnach steht er für das Fehlen einer Orientierung, für ein verzweifeltes Bedürfnis, eine Lücke zu schließen, derentwegen wir uns verloren und ausgeliefert fühlen. Dieses schmerzliche Gefühl soll daher rühren, dass wir von der Welt der Gestirne abgeschnitten sind. Es ist die krampfhafte und heillose Suche nach etwas, das diese Trennung überwindet. Wir wollen in unserem Inneren jenes winzige Sternenbruchstück wiederentdecken, das uns erneut mit dem Kosmos verbindet – ein Brückenschlag zwischen der gemeinen, der verderblichen irdischen materiellen Welt, in der sich unsere Existenz abspielt, und den ewigen und unveränderlichen der Himmelssphären.

Alljährlich um den 10. August wiederholt sich in klaren Nächten ein Schauspiel: Millionen Menschen blicken auf der Suche nach einer *Sternschnuppe* in die Finsternis nach oben. Wenn sie den kleinen Schweif eines Meteors der Perseiden aufglühen sehen, gratulieren sie sich nach alter Sitte: «Wünsch dir was. Es geht in Erfüllung.»

Wie wir sehen werden, bestehen zwischen uns und den Sternen tatsächlich deutlich engere materielle Verbindungen, als wir uns bis vor Kurzen noch vorgestellt hätten: Jede Zelle unseres Körpers enthält Elemente, die im Inneren längst untergegangener riesiger Sterne entstanden sind. Aber woraus bestehen die Sterne eigentlich? Was verbindet uns, unseren Heimatplaneten und die Abläufe in diesen leuchtenden Himmelskörpern materiell miteinander?

Was Sterne sind

Sterne bestehen aus einer ungewöhnlichen Form von Materie: Unsere Umgebung auf der Erde setzt sich aus elektrisch neutralen Atomen zusammen. Sie bestehen aus den positiven Protonen des Kerns, um die gleich viele negative Elektronen kreisen. Sterne sind dagegen eine gewaltige Zusammenballung aus ionisiertem Gas, eines Zustands von Materie, der *Plasma* genannt wird. Dieser griechische Begriff leitet sich von dem Verb πλάσσειν *(plássein)* für «kneten» oder «gestalten» ab und steht so für etwas Weiches, das keine starre Form hat und sich modellieren lässt.

Plasma ist ein Gas, in dem die Atome eines oder mehrere ihrer Elektronen verloren haben und dadurch elektrisch aufgeladen sind. Da diese sogenannten Ionen vermischt mit den entrissenen Elektronen vorliegen, ist der Raum, den das Plasma besetzt, elektrisch neutral. Die Materie der Sterne befindet sich folglich in einem anderen Zustand als in einem der oben erwähnten: fest, flüssig und gasförmig.

Die Eigenschaften dieses vierten Aggregatzustands waren lange Zeit unbekannt, weil Plasma in unserer Alltagserfahrung nur eine flüchtige Rolle spielt: am häufigsten in Form von Blitzen. Bei einem Gewitter sorgt ein Ladungsunterschied zwischen den Wolken und dem Boden dafür, dass in einem Kanal in den dazwischenliegenden Luftschichten Gasmolekülen Elektronen entrissen werden. Das entstehende Plasma – das ionisierte Gas – ist ein optimaler elektrischer Leiter, über den sich die Ladungen – eben in Form eines Blitzes – schlagartig wieder ausgleichen.

Plasma bringt auch die Neonröhren von Lichtreklamen oder die Pixel bestimmter Fernsehmonitore – eben Plasmabildschirme – zum Leuchten. Ebenso kommt es in der Halbleiterindustrie bei der Behandlung von Oberflächen zum Einsatz. Die Erforschung seiner Eigenschaften soll dazu dienen, Kernfusionsreaktoren zu konstruieren oder neue Methoden zur Beschleunigung von Teilchen zu entwickeln.

Das Universum ist voller Plasma. Diese Art der Materie, die aus freien und sich unabhängig voneinander bewegenden geladenen Teilchen besteht, ist hochreaktiv, leitet Elektrizität und erzeugt starke Magnetfelder.

Sterne sind gewaltige sphärische Konzentrationen aus Plasma. In ihnen hat der Druck der Schwerkraft Kernreaktionen gezündet, die riesige Mengen an Energie freisetzen. Jeder Stern ist ein Schlachtfeld, auf dem zwei Grundkräfte der Natur gegeneinander antreten. Die schwächste aller Kräfte, die Gravitation, hat im Stillen über Hunderte von Millionen Jahren eine gewaltige Masse an Wasserstoff- und Heliumatomen zusammengeballt – aus primordialen Gasen, deren Atomkerne unmittelbar nach dem Urknall entstanden waren und die sich in Regionen um eine anfängliche kleine Dichtefluktuation angesammelt hatten.

Je massereicher diese gewaltige Kugel wurde, desto stärker heizte sich das komprimierte Gas in den inneren Schichten auf und ionisierte sich, wurde also zu Plasma. Die unerbittliche Wirkung der Schwerkraft verdichtete das Material immer stärker, sodass im Inneren abnorme Temperaturen und Drücke entstanden. Als zehn Millionen Grad überschritten wurden, zündeten die Reaktionen der Kernfusion.

Wie jeder Stern besteht auch die Sonne hauptsächlich aus Wasserstoffkernen, die miteinander zu Heliumkernen verschmelzen. Letztere haben eine geringere Masse als die beiden Wasserstoffkerne zusammen, aus denen sie entstehen, weil ihre Fusion eine gewaltige Menge an Energie freisetzt. Dadurch entsteht in den überhitzten inneren Schichten ein Strahlungsdruck nach außen. Je nach den Verhältnissen spielt sich für Millionen oder Milliarden Jahre ein Gleichgewicht ein: Während die nach innen wirkende Schwerkraft den Stern zu zermalmen droht, stemmt sich ihr die starke Kraft, aus der sich die thermonuklearen Reaktionen speisen, mit ihrem Expansionsdruck entgegen.

Die bei der Fusion freigesetzte Energie wird in Form von Neutrinos und Photonen abgestrahlt. Da leicht und reaktionsträge, überwinden die Neutrinos auf Anhieb die Schwerkraft und schießen aus dem Stern überallhin durchs Weltall. Dagegen bleiben die Photonen im hochdichten Plasma in dessen Inneren noch lange gefangen und können sich erst nach endlosen Mühen und Wechselfällen aus ihm befreien. Wenn sie es schließlich geschafft haben, sehen wir auf der Erde vielleicht einen neuen Stern am Nachthimmel erglänzen, der mit wohltuenden Strahlen die umliegende Region erhellt.

Welches Licht der Stern ausstrahlt, hängt von der Temperatur an seiner Oberfläche ab. Auch wenn uns diese enorm erscheint, ist sie im Vergleich zu den vielen Millionen Grad, die in den innersten Schichten herrschen, geradezu lächerlich gering. Die *kältesten* Sterne, wenn man so sagen kann, sind an der Oberfläche mehrere Tausend Grad heiß und erscheinen rötlich. Dagegen strahlen die heißesten mit zigtausend Grad ein bläuliches Licht aus.

Das Universum ist von unzähligen Sternen bevölkert, von denen wir von der Erde aus mit bloßem Auge nur einen winzigen Bruchteil sehen. Abseits des Streulichts der Städte erblicken wir in einer klaren Nacht, zum Beispiel bei guter Sicht in den Bergen, gerade einmal einige Tausend. Anders als unsere Sonne sind viele keine Einzelsterne. Ungefähr die Hälfte hat einen Begleiter – in einem Doppelsystem – oder sogar mehrere. Und bei fast allen ist davon auszugehen, dass sie ein mehr oder weniger komplexes Planetensystem umgibt.

Bei den Sternen gibt es gewaltige Größenunterschiede. Die kleinsten haben ein Zehntel der Sonnenmasse, den Mindestwert, um thermonukleare Reaktionen zu zünden. Die größten bringen monströse Massen, das Hundertfache unseres Muttergestirns, auf die Waage. Wegen ihrer besonders geringen Dichte haben diese Giganten eindrucksvolle Größen. Rigel, ein mit bloßem Auge sichtbarer blauer Überriese im Sternbild Orion, hat einen Durchmesser, der dem halben Abstand zwischen Erde und Sonne entspricht. Er wirkt allerdings bedeutungslos klein verglichen mit UY Scuti, der nahe dem Zentrum unserer Galaxis strahlt. Stünde dieser rote Überriese im Mittelpunkt unseres Sonnensystems, würde er mit seinem irrsinnigen Durchmesser bis an die Umlaufbahn des Saturns heranreichen.

Die turbulente Seite der Sonne

Der Stern, der unsere Tage erhellt, ist einer von mittlerer Größe. Obwohl im Vergleich zur Erde gewaltig, wird er als *gelber Zwerg* kategorisiert. Er strahlt bei einer Oberflächentemperatur von rund sechstausend Grad hauptsächlich im gelbgrünen Bereich des sichtbaren Lichts, deckt aber sämtliche sichtbaren Frequenzen und einen Teil des infraroten Spektrums ab.

Sein Plasma besteht zu rund drei Vierteln aus Wasserstoff, einem Viertel aus Helium und einem kleinen Prozentsatz aus schweren Elementen. Entstanden ist er vor 4,5 Milliarden Jahren aus einer gigantischen, um sich selbst rotierenden Wolke aus Gas und Staub, die sich zwischen dem großen Perseus- und dem Sagittariusarm unserer Milchstraße gebildet hatte. Diese Wolke kühlte ab und fiel in sich zusammen, als die Schwerkraft gegenüber dem Expansionsdruck die Oberhand gewann. Als Ergebnis rotierte eine große Scheibe aus Gas und Staub um ein Zentrum, in dem sich beachtliche Mengen an gasförmigem Wasserstoff verdichtet hatten. Um diesen Sonnennebel bildete sich eine Akkretionsscheibe mit kleineren Verdichtungszentren, aus denen die großen Gasplaneten unseres Sonnensystems entstehen sollten. Und als der Gravitationsdruck im Inneren des zentralen Körpers schließlich die Kernreaktionen zündete, leuchtete die Sonne als ein neuer Stern auf.

Aus der langsamen Rotation der großen Scheibe aus Gas und Staub, aus dem sie entstand, ging denn auch die Drehbewegung um die eigene Achse hervor, die sie heute noch ausführt. Da der gewaltige glühend heiße Plasmaball kein Festkörper ist, rotieren seine Massen mit unterschiedlicher Geschwindigkeit. Die am Äquator brauchen für einen vollständigen Umlauf weniger Zeit als die an den Polen. Dagegen dreht sich der kompakte Kern im Inneren, in dem der Großteil der Kernreaktionen stattfindet, mit einer Rotationsperiode von rund einer Woche deutlich schneller als die Massen an seiner Oberfläche.

Die Sonne ist von einem Magnetfeld umhüllt, das – nicht überraschend – durch die Bewegung ihrer geladenen Teilchen entsteht. Hier kommt die komplexe Wirkung des Plasmas ins Spiel. Wegen der unterschiedlichen Rotationsgeschwindigkeiten am Äquator und an den Polen weist dieses Magnetfeld erhebliche Störungen auf. Zudem führt das Plasma im Sonneninneren imposante Radialbewegungen aus, die von der sogenannten Konvektionszone ausgehen: Gewaltige Massen von heißem Plasma steigen unter dem Druck der Hitze vom Kern zur Oberfläche auf. Diese Bewegungen erzeugen eigene Magnetfelder, die die aus den Rotationsbewegungen überlagern. Und die Plasmaströme werden ihrerseits durch Kräfte abgelenkt, die durch die Bewegung geladener Teilchen durch ein Magnetfeld entstehen.

In dem sich daraus ergebenden ziemlich chaotischen System treten innerhalb recht stabiler Zyklen turbulente Phänomene auf, zum Beispiel Sonnenflecken. Diese Regionen an der Sonnenoberfläche zeichnen sich gegenüber den umliegenden durch eine geringere Temperatur und ein intensiveres lokales Magnetfeld aus. Sie sind magnetisch so heftig aktiv, dass sie den Nachschub an heißem

Plasma aus den darunterliegenden Schichten abbremsen, sodass die Temperatur an der Oberfläche um über tausend Grad absinkt. Die betroffenen Bereiche strahlen deutlich schwächer als die umliegenden Zonen und erscheinen so als dunkle Stellen. Sonnenflecken können sich über ein Gebiet doppelt so groß wie die Erdoberfläche erstrecken. Sie bleiben allgemein einige Wochen sichtbar und verschwinden, sobald sich die Plasmabewegung wieder normalisiert hat.

Die Anzahl der auftauchenden Sonnenflecken ist ein Maß für die Sonnenaktivität. Diese verläuft zyklisch und erreicht im Durchschnitt alle elf Jahre ein Maximum. Der genaue Ablauf dieses Mechanismus ist bislang noch ungeklärt, wie es bis heute auch noch keine detaillierten Modelle gibt, mit denen sich Sonneneruptionen und die Entstehung von Protuberanzen beschreiben lassen.

Diese sogenannten koronalen Massenauswürfe, auch *Flares* genannt, setzen gewaltige Mengen an Energie frei. Annahmen zufolge entstehen sie dadurch, dass sich die Feldlinien stark gestörter Magnetfelder an der Sonnenoberfläche wieder miteinander verbinden. Sie treten häufig im Umfeld von Sonnenflecken und vermehrt auf dem Höhepunkt der Sonnenaktivität auf. Der Auswurf gewaltiger Mengen an Plasma in den Weltraum geht zuweilen mit einem besonders heftigen Sonnenwind einher: Schwärme ionisierter Teilchen werden mit hoher Geschwindigkeit ins All ausgestoßen, erreichen unseren Planeten, stören dessen Magnetfeld und dringen in die Erdatmosphäre ein. Solche sogenannten Sonnenstürme bedrohen vor allem Stromnetze und Funkverbindungen, weil sie Satelliten im Orbit irreparabel beschädigen und schlimmstenfalls sogar zu einer Gefahr für lebende Organismen auf der Erde werden können.

Einer der spektakulärsten Sonnenstürme machte vor über einem Jahrhundert die Wissenschaftler erstmals auf solche Phänomene aufmerksam. Er wurde am 1. September 1859 zufällig von dem britischen Astronomen Richard Carrington beobachtet und ging als das «Carrington-Ereignis» in die Geschichte ein. Kurz nach einer heftigen Sonneneruption erreichte ein Schauer aus geladenen Teilchen die Erde und erzeugte in Wechselwirkung mit dem Erdmagnetfeld Nordlichter, die bis in die Breiten von Rom und Kuba sichtbar waren und in Nordamerika und -europa die Telegrafenleitungen verrücktspielen ließ. Heute würde ein so starker geomagnetischer Sturm auf mehreren Kontinenten zu Stromausfällen führen und womöglich irreparable Schäden an rund der Hälfte der Fernmeldesatelliten verursachen.

Bei diesen Ausbrüchen werden häufig gewaltige Mengen an Plasma in Form von Bögen oder Filamenten ausgeschleudert, die sich über Hunderttausende von Kilometern erstrecken können. Dabei birgt unsere Sonne noch allerhand Geheimnisse. Zahlreiche Einzelheiten zu ihrer Aktivität sowie der Ursprung ihrer periodischen Zyklen sind nach wie vor unbekannt. Wir wissen nicht, durch welchen Mechanismus ihre Korona entsteht, diese rätselhafte, extrem energiereiche Hülle aus Gas und Teilchen, die Hunderttausende Kilometer ins All hinausreicht und Temperaturen bis über eine Million Grad entwickelt. Ungeklärt ist auch der genaue Grund für die Eruptionen und Protuberanzen, auch wenn der Verdacht hauptsächlich auf dem hochkomplexen Magnetfeld der Sonne liegt, das in vielfältiger Weise mit deren glühend heißem Material wechselwirkt. Der einzige Stern, den wir aus der Nähe erforschen können, hält für uns immer noch Überraschungen bereit. Hinter dem friedlichen und beruhigenden Erscheinungsbild der Sonne verbirgt sich ein unfassbar turbulentes Geschehen.

Der nächtliche Anblick der Sterne hat von jeher die Dichter aller Kulturen inspiriert und unsere Besorgnisse beschwichtigt. Doch sobald wir diese wundervollen Himmelskörper in ihren Details beobachten, entdecken wir eine Gluthölle, in der sich katastrophale Ereignisse abspielen, wie wir sie uns kaum vorstellen können. Und diese sind nichts im Vergleich zu den Gewalten, die entfesselt werden, wenn Sterne ans Ende ihrer Existenz gelangen.

Das spektakuläre Ende eines stillen Sterns

Das Schicksal eines Sterns wird durch dessen Größe und besondere Zusammensetzung bestimmt. Seine Lebensdauer hängt davon ab, welche Art von thermonuklearen Reaktionen in welcher Geschwindigkeit in seinem Inneren ablaufen.

Die ersten Sterne, die im Uruniversum aufleuchteten, waren ganz anders als die an unserem heutigen Firmament. Diese *Megasterne,* die diesen Namen ihrer gigantischen Größe verdanken, waren hundertfach massereicher als unsere Sonne. Sie bestanden ausschließlich aus Wasserstoff und Helium, den damals einzig vorhandenen Elementen. So riesige Sterne zehren ihren Kernbrennstoff schneller auf, weil ihre gewaltige Masse auf ihren Kern einen besonders hohen Druck ausübt und ihn so auf ungeheure Temperaturen erhitzt – in den massereichsten leicht bis auf weit über eine Milliarde Grad. Unter solchen Bedingungen laufen die Fusionsreaktionen in einem rasanten Tempo ab, bei dem ihr verfügbarer Brennstoff schon nach wenigen Jahrmillionen zur Neige geht. Die ersten Sterne führten im Vergleich zu denen der nachfolgenden Generationen – zum Beispiel zu unserer Sonne –, die Milliarden Jahre leuchteten und noch leuchten, eine geradezu ephemere Existenz.

Bei derart hohen Temperaturen im Kern entstehen bei den Fusionsreaktionen zahlreiche weitere Elemente. Sobald Wasserstoff und Helium aufgebraucht sind, fusionieren ihre Produkte zu schwereren Elementen: Kohlenstoff, Stickstoff und Sauerstoff. Aber sobald diese Fusionen bis zum sogenannten Siliziumbrennen vorangeschritten sind, bei dem Eisen entsteht, kommt der Prozess zum Stillstand. Ohne weitere Reaktionen, die den Strahlungsdruck aufrechterhalten, stürzt das Innere des Sterns katastrophal in sich zusammen. Dabei werden Wolken aus verbliebenem Gas, angereichert mit schweren Elementen, mit gewaltiger Geschwindigkeit bis in beachtliche Fernen ins Weltall hinausgeschleudert. Aus ihnen entstehen neue Sterne, in denen der Fusionsprozess weiterläuft.

Unserer Sonne gingen zahlreiche Generationen von Sternen voran, die bei ihrem Untergang die Urwolke mit Wasserstoff und Helium, aber auch mit den schwereren Elementen anreicherten. Aus diesen entstanden durch Verdichtung Felsplaneten. Ohne diese endlose Abfolge des Lebens und Sterbens von Sternen gäbe es weder eine Erde noch Wasser oder Luft und auch keine Lebensformen, die auf dem Kohlenstoffzyklus beruhen. Jedes Atom unseres Körpers ist aus diesem langen Prozess hervorgegangen. Das Eisen im Hämoglobin unseres Blutes, das Calcium in unserem Knochenkalk, der Sauerstoff und der Kohlenstoff in den organischen Molekülen unserer Körpergewebe – alles besteht aus Atomen, deren Kerne aus den gewaltigen nuklearen Schmelzöfen der Sterne stammen, die vor unserer Sonne das Universum bevölkerten.

Als der Gott der Bibel Adam aus dem Paradies vertrieb, sprach er den wohl bekanntesten aller Flüche aus: «Denn Staub bist du, zum Staub musst du zurück.» Das schreckliche Verdammungsurteil zu Sterblichkeit und Hinfälligkeit mag uns weniger bitter erscheinen, wenn wir uns klarmachen, dass wir zwar aus Staub, aber, genauer, aus Sternenstaub bestehen. Zwischen uns und den hellsten Gestirnen, die den Nachthimmel übersäen, gibt es eine tiefe Verbindung.

Den wissenschaftlichen Annahmen nach steht unsere Sonne derzeit in der Blüte ihrer Jahre. Sie hat rund die Hälfte ihrer Existenz hinter sich und kann noch vier oder fünf Milliarden Jahre strahlen. Zwergsterne wie die Sonne haben das Glück, ihren Kernbrennstoff so langsam aufzuzehren, dass ihnen ein besonders langes Leben beschieden ist. Aber früher oder später ereilt auch sie das Ende.

In den letzten Phasen ihres Lebenszyklus, wenn aller Wasserstoff im Kern aufgebraucht ist, bläht sich die Sonne zu einem Roten Riesen auf: Wenn die Fusionsreaktionen aussetzen, wird der Kern durch den Druck der Schwerkraft auf ein kleineres Volumen zusammengepresst. Dabei heizt er sich so stark auf, dass nun im Plasma der darüberliegenden Schichten in einem rasanten Ablauf weitere Reaktionen zünden. Bei diesem sogenannten Schalenbrennen scheint der Stern hundertfach heller auf, wenn auch mit einem stärker rötlichen Licht. In mehr oder weniger fünf Milliarden Jahren wird sich die Sonne unter dem gewaltigen Druck der Hitzeabfuhr nach außen um das Hundertfache vergrößern und sämtliche inneren Planeten, einschließlich der Erde, verdampfen lassen.

Um das Leben auf unserem Planeten müssen wir uns nicht sorgen: Zu diesem Zeitpunkt ist es längst erloschen. Durch die gewaltig erhöhte Sonnenstrahlung ist das Wasser der Ozeane verdunstet, und der Sonnenwind hat die Erdatmosphäre weggefegt. Nur noch eine Glutlandschaft löst sich in der Gaswolke auf.

Nicht weniger spektakulär ist die Phase danach. Der große rötliche Stern leuchtet wohl noch eine Milliarde Jahre. Sobald der Brennstoff in seinen äußeren Schichten ebenfalls aufgezehrt ist, zieht sich der Kern noch weiter zusammen und stabilisiert sich schließlich bei einem Durchmesser ähnlich dem der Erde. Die Sonne schrumpft zu einem *Weißen Zwerg* zusammen, einem Miniaturstern, der im Zentrum einer riesigen Hülle aus Gas und Staub noch als schwach leuchtendes Pünktchen sichtbar ist.

Dies ist der Untergang von Sternen, die eine geringere oder ähnlich große Masse wie die Sonne haben. In diese Kategorie fällt die überwiegende Mehrheit der bekannten Himmelskörper: 97 Prozent der Sterne, die unsere Galaxis bevölkern, enden als Weißer Zwerg.

Dieser verdankt seinen Namen der winzigen Größe, auf die sein Vorläuferstern in seiner letzten Lebensphase zusammengeschrumpft ist. Sein Licht erscheint weiß, weil es sämtliche Wellenlängen des sichtbaren Spektrums abdeckt, entsteht aber nicht mehr durch Kernfusionen – sie haben inzwischen endgültig ausgesetzt –, sondern durch andere Abläufe.

Obwohl nur noch so groß wie ein Planet, hat er eine gewaltige Masse. Er enthält immer noch rund halb so viel Materie wie die einstige Sonne und hat damit eine gewaltig erhöhte Dichte. Könnten wir einem Weißen Zwerg eine kleine Materialprobe entnehmen, etwa in der Größe eines Teelöffels, bräuchte wir für den Abtransport einen Lastwagen: Sie würde mehrere Tonnen wiegen.

Die Materie des Weißen Zwergs besteht aus den reaktionsunfähigen Kohlenstoff- und Sauerstoffkernen, die aus seinen letzten Fusionsreaktionen hervorgingen, sowie aus einem Elektronengas. In diesem kompakten Material ist der gravitative Druck so gewaltig, dass Quanteneffekte ins Spiel kommen.

Bei der Kontraktion steigt die Materiedichte im Kern des Miniatursterns so lange an, bis sich zu viele Elektronen in denselben Punkten zusammenscharen. Das Pauli-Prinzip verbietet, dass sie in die gleiche Position wie andere eintreten, weil sie nicht in allen Quantenzahlen übereinstimmen dürfen. Wenn sie in einen Raumbereich gedrängt werden, den bereits andere Elektronen besetzen, müssen sie sich schneller bewegen, um in einen energiereicheren Quantenzustand zu gelangen. Je größer die Anzahl der Elektronen, die in dieselbe Position gelangen, desto höher die Geschwindigkeit, in die die Neuankömmlinge gezwungen werden.

Auf diese Art gewinnt das Elektronengas mit steigender Verdichtung immer mehr an Energie und übt am Ende einen Druck aus, der jeder weiteren Kontraktion entgegenwirkt. Sobald sich dieser von den Elektronen ausgeübte Druck und der der Schwerkraft die Waage halten, stabilisiert sich die Größe des kleinen Himmelskörpers. Die Quantenmechanik liefert uns so nicht nur den Schlüssel zu einem Verständnis, wie sich Materie auf mikroskopischer Ebene verhält. Sie ist auch unverzichtbar, um die Dynamik in der makroskopischen Welt nachzuvollziehen. Ohne sie ließe sich nicht erklären, was mit den Milliarden Sternen geschieht, die ans Ende ihrer Existenz gelangt sind. Der sich aus dem Pauli-Prinzip ergebende Druck, der sich in Weißen Zwergen jeder weiteren Verringerung des Volumens entgegenstemmt, ist der sogenannte *Entartungsdruck*. Und die seltsame Materie, die ihn ausübt, wird als *entartete Materie* bezeichnet.

Der aus der Sonne hervorgehende Weiße Zwerg kann das Gleichgewicht, das über seine Größe entscheidet, über Hunderte von Milliarden Jahren halten. Kaum entstanden, strahlt er mit einer Oberflächentemperatur von über hundert Millionen Grad Photonen in den umliegenden Raum aus. Dann nimmt seine Temperatur ganz allmählich ab, bis er schließlich kein sichtbares Licht mehr emittiert. Er ist zu einem *Braunen Zwerg* geworden, zu einem kleinen, dunklen Objekt, das sich, zu kalt, um noch hell zu strahlen, unbeobachtet durch die Finsternis bewegt. Aber bis dahin vergehen vielleicht noch Hunderte Milliarden Jahre, eine Zeitspanne, deutlich länger als die seit der Entstehung unseres Universums.

Supernovae und Neutronensterne

Ein noch spektakuläreres Schicksal steht den massereichsten Sternen bevor, gerade so, als sollten sie mit einem fulminanten Ende dafür entschädigt werden, dass sie deutlich kürzer als ihre mittelgroßen Brüder leben.

Ein Riese, zehnmal so schwer wie die Sonne, existiert deutlich weniger lang, weil er seinen Brennstoff bei den extrem schnell ablaufenden Fusionsreaktionen in seinem Kern rasant aufzehrt. Wie bei den Megasternen löst die ultrahohe Temperatur der inneren Schichten eine komplizierte Kette von Kernreaktionen aus, aus denen immer schwerere Elemente hervorgehen. Beim Eisen kommen die Prozesse jäh zum Stillstand. An diesem Punkt implodiert der Kern in seinem Inneren. Unter dem gewaltigen Druck der Schwerkraft, dem keine Strahlung mehr entgegenwirkt, kollabiert er auf katastrophale Weise und schrumpft auf ein Tausendstel seines Durchmessers zusammen. Damit verlieren die darüberliegenden Schichten ihren Halt und werden von der Schwerkraft der immer noch imposanten Masse des Kerns ihrerseits in die Tiefe gerissen. Ihr verheerender Aufprall auf dem kleinen kompakten Körper löst weitere Kernreaktionen aus, die den Stern in einem grellen Lichtblitz in Fetzen reißen. Wir sind Zeuge der Explosion einer *Supernova* geworden – eines der katastrophalsten Ereignisse im Universum.

Supernova ist eine Verstärkung des lateinischen Ausdrucks

Nova, der das Auftauchen eines neuen Sterns bezeichnet. Wenn Astronomen früherer Zeit am Himmel ein neues Licht entdeckten, glaubten sie an die Geburt eines neuen Sterns. Auch wenn der Ausdruck erhalten blieb, wissen wir heute, dass diese Lichterscheinung entgegen der damaligen Überzeugung den Untergang eines großen Sterns anzeigt.

Eine Supernova emittiert in einem Zeitraum, der sich über wenige Wochen bis zu einigen Monaten hinziehen kann, die gleiche Menge Energie, die die Sonne im Verlauf ihres Lebens abstrahlt. Bei der Explosion wird das Material des Vorgängersterns größtenteils ins All hinausgeschleudert. Eine riesige Menge aus Gas und Staub, ein Vielfaches der Sonnenmasse, schießt mit einem Zehntel der Lichtgeschwindigkeit in den interstellaren Raum hinaus. Die dabei entstehende eindrucksvolle Schockwelle löst weitere Phänomene aus. Aber das erstaunlichste Geschehen findet in der Zone mit den Überbleibseln des einstigen Kerns statt.

In dieser kleinen Region konzentriert sich eine Masse, die immer noch das Eineinhalbfache von derjenigen der Sonne beträgt. Die von ihr ausgeübte Schwerkraft ist so gewaltig, dass ihr der Druck der entarteten Elektronen, der Weiße Zwerge im Gleichgewicht hält, nichts mehr entgegenzusetzen hat. Um dem Gravitationsdruck standzuhalten, müssten sich die Elektronen mit Überlichtgeschwindigkeit bewegen, um das Pauli-Prinzip nicht zu verletzen. Da dies unmöglich ist, tritt eine Zustandsveränderung ein. Die Atomkerne werden zu einem Brei aus Protonen und Neutronen zerquetscht, zwischen denen die Elektronen mit Höchstgeschwindigkeit herumflitzen. Und da die Gravitation nun nichts mehr aufhalten kann, verschmilzt sie die Elektronen und Protonen zu Neutronen. Diese Reaktion setzt einen gewaltigen Strom aus Neutrinos frei, die durchs gesamte Universum schwirren und vom Untergang eines großen Sterns künden. Dessen Kern hat sich in wenigen Zehntelsekunden von einem Durchmesser von einigen Tausend Kilometern auf einen Durchmesser von rund zehn Kilometern zusammengezogen. Ein *Neutronenstern* ist entstanden.

Dieses winzige astronomische Objekt ist vergleichbar mit einem gigantischen Atomkern, der vor allem aus Neutronen besteht und von der Schwerkraft zusammengehalten wird. Er ist ungefähr hundertmillionenfach so dicht wie die entartete Materie in Weißen Zwergen, bei einer Extremtemperatur, die rund zehn Millionen Grad beträgt. Ein Teelöffel voll mit seiner Masse ist so schwer, dass selbst die solidesten Teile der Erdkruste unter ihr zusammenbrechen würden.

Der Prozess, der den Kollaps dieser Objekte verhindert, ähnelt dem in den Weißen Zwergen. In diesem Fall erzeugen die Neutronen den Druck, der sich dem der Gravitation entgegenstemmt. Mit ihrem halbzahligen Spin zählen sie zu den Fermionen. Auf allzu engem Raum zusammengepfercht, bewegen auch sie sich schneller und erzeugen so den Expansionsdruck, der den kleinen, ultrakompakten Körper im Gleichgewicht hält. Auch Neutronensterne bestehen aus entarteter Materie, aber sie ist weitaus dichter und kompakter als die der Weißen Zwerge.

Die Verhältnisse, die im Zentrum dieser so extravaganten Himmelskörper herrschen, sind nicht genau bekannt. Unter einer extrem harten Schicht, vermutlich einige Kilometer dick, muss diese Art von *Neutronenbrei* liegen, die den Entartungsdruck erzeugt. In den innersten und dichtesten Schichten befinden sich den Annahmen nach Konzentrationen aus noch exotischerer Materie: seltsame subatomare Teilchen oder Plasma aus Quarks und Gluonen, Zustände ähnlich denen, die in Teilchenbeschleunigern registriert wurden, oder sogar Schalen aus freien Quarks. Aber dies sind derzeit nur Spekulationen.

Neutronensterne drehen sich wie wild um die eigene Achse. Ihre Rotation ist aus der ihres gewaltigen Vorgängersterns hervorgegangen. Bei dessen Implosion hat sich die Rotationsgeschwindigkeit – durch das Gesetz der Drehimpulserhaltung – zwangsläufig drastisch erhöht, ähnlich wie Eiskunstläufer ihre Drehungen beschleunigen, indem sie die Arme an den Körper legen. Mit der imposanten Schrumpfung des Sterns erhöht sich seine Drehgeschwindigkeit gewaltig. Würde die Sonne, die sich rund einmal im Monat um sich selbst dreht, auf eine Kugel von zehn Kilometer

Durchmesser komprimiert, würde sie in gleicher Zeit über zehntausend Umdrehungen hinter sich bringen. Tatsächlich wurden schon Neutronensterne entdeckt, die sich Dutzende oder Hunderte Male pro Sekunde um die eigene Achse drehen. Bei der Rotation wird allerdings Energie abgestrahlt, sodass sich deren Geschwindigkeit mit der Zeit verlangsamt.

Bei der Implosion des Vorläufersterns wird auch dessen Magnetfeld auf ein gewaltig verkleinertes Volumen zusammengedrängt und dadurch ungeheuer verstärkt. Die Magnetfelder von Neutronensternen sind milliardenfach größer als das irdische. Manche sind so unvorstellbar stark, dass sie Menschen noch in einer Entfernung von Tausenden von Kilometern töten würden.

Ein Neutronenstern, dessen Magnetachse von der Rotationsachse abweicht, emittiert an den Polen einen gewaltigen Strahl aus elektromagnetischen Wellen. Von einem Beobachter von der Erde aus betrachtet, ähnelt er einer Art Leuchtturm, der in regelmäßigen Intervallen Signale aussendet. Diese treffen auf der Erde immer dann ein, wenn sein Strahlungskegel ihre Oberfläche streift. Weil die Ursache des Phänomens zunächst unbekannt war, erhielten diese Neutronensterne die Bezeichnung *Pulsare* als Kurzform für «pulsierende Radioquelle» *(pulsating radio source)*. Pulsare emittieren ihre Radiowellen so regelmäßig, dass die Astronomen anfangs meinten, sie könnten von außerirdischen Zivilisationen stammen.

Diese besonderen Himmelskörper hatten uns allerdings noch bedeutendere Aufschlüsse zu bieten. Dank ihrer Hilfe konnte ein Geheimnis gelüftet werden, das die Wissenschaftler seit Jahrzehnten beschäftigt hatte. Wie wir weiter oben sahen, reichern Supernovaexplosionen das umliegende Weltall mit metallischen Elementen an. Aber die Fusionsreaktionen enden bei der Entstehung von Eisen. Ungeklärt war, woher dann die schwersten Elemente des Periodensystems, Gold, Platin, Blei und so weiter bis zum Uran, stammten. Wie wir wissen, können sie nicht im Inneren des großen Schmelzofens, im Kern der Sterne entstehen. Wer hat dann das Gold herbeigezaubert, mit dem sich seit Anbeginn der Zeiten Könige, Krieger und Prinzessinnen schmücken?

Die Antwort lieferte uns die Multimessenger-Astronomie. Diese neue Disziplin heißt deshalb so, weil sie ein und dasselbe astronomische Phänomen anhand aller mit ihm einhergehenden Signale untersucht. Am 17. August 2017 um 12.41 Uhr fingen die großen Gravitationswellendetektoren LIGO und Virgo ein Signal auf, das von der Verschmelzung zweier Neutronensterne herrührte. Zwei Sekunden später detektierte Fermi, ein für die Astrophysik genutzter Satellit in der Erdumlaufbahn, einen vom selben Ereignis stammenden heftigen Gammablitz. Daraufhin richteten die Astronomen alle ihre Teleskope auf diese Quelle und beobachteten es im gesamten Frequenzbereich: vom sichtbaren Licht bis zu den Röntgenstrahlen und vom Infrarot bis zu den Radiowellen.

Die Zone, in der sich die Kollision ereignet hatte, blieb monatelang unter Beobachtung. Als die Astronomen die Wolke aus Überresten analysierten, die aus dem Ereignis hervorgegangen war, stießen sie auf untrügliche Hinweise auf das Vorhandensein schwererer Elemente. Laut Schätzungen enthält diese Wolke Gold und Platin in einer Menge, die der zehnfachen Erdmasse gleichkommt. Dass bei Supernovaexplosionen in geringerem Umfang Schwermetalle entstehen, war bereits bekannt gewesen, aber jetzt war eine weitaus reichhaltigere Quelle entdeckt worden. Dass wir diese Metalle heute auf der Erde abbauen können, hängt mit der Kollision von Neutronensternen zusammen. Durch sie wurde die Wolke, aus der sich einst unser Sonnensystem gebildet hat, mit diesen Elementen angereichert.

Wir Menschen sind also buchstäblich *Sternenkinder* und verdanken es den Neutronensternen und ihren Kollisionen, dass wir uns seit Anbeginn der Zeiten mit Edelmetallen schmücken und uns von ihnen faszinieren lassen können.

Schwarze Löcher

Wenn Sterne mit unverhältnismäßig viel Masse untergehen, bahnt sich ein noch merkwürdigeres Szenario an. Bleibt nach der Supernovaexplosion vom Kern mehr übrig, als drei Sonnenmassen entspricht, kann nicht einmal mehr der Entartungsdruck des Neutronenbreis sein Gleichgewicht aufrechterhalten. Die Schwerkraft nimmt die Neutronen so vernichtend in die Zange, dass sie von ihr mitsamt ihren Bestandteilen, den Quarks und Gluonen, vollständig zermalmt und zu etwas Undefinierbarem zerquetscht werden: Der Untergang des Sterns endet in einem *Schwarzen Loch.*

Schwarze Löcher sind wahrhaft erstaunliche Objekte. Über Jahrzehnte herrschte die Überzeugung, dass sie nicht in der Realität, sondern nur als mathematische Kuriositäten existierten. Tatsachlich konnte sich niemand einen physikalischen Mechanismus vorstellen, der eine derart gewaltige Masse so stark zu komprimieren vermochte, dass ihre Schwerkraft nicht einmal mehr Licht aus ihrem Umfeld entkommen lässt. Mit einer Geschwindigkeit von mindestens 11 km/s – der Fluchtgeschwindigkeit der Erde – können Raketen Satelliten in den Orbit tragen. Mit einer Geschwindigkeit von 600 km/s gelingt es, sich der Anziehung der Sonne endgültig zu entziehen und ihrem Gravitationsfeld zu entkommen. Aber wer sich in eine allzu große Nähe zu einem Schwarzen Loch begibt, sitzt für immer in der Falle, denn hier liegt die notwendige Geschwindigkeit für eine Flucht über der des Lichts. Nichts, nicht einmal ein Photon, kann sich aus dem eisernen Griff seiner Schwerkraft befreien.

Tatsächlich sind diese Objekte keine «Löcher», also keine Zonen ohne Materie. Im Gegenteil sind es Punkte, in denen die Materiedichte unvorstellbar hoch ist. «Schwarz» heißen sie deshalb, weil ihr Gravitationsfeld nicht einmal Licht entkommen lässt. Wenn ihm Photonen, die leichtesten und flinksten aller Teilchen, zu entrinnen versuchen, stürzen sie am Ende wie ein nach oben geschleuderter Stein wieder ins tiefste Dunkel zurück.

Welche Form die von einem Schwarzen Loch verschlungene Materie annimmt, kann niemand erklären. Der verfügbare Raum ist so winzig, dass die verbliebene Masse des Sterns nicht einmal dann in ihm Platz fände, wenn sie zu einem Brei aus engst zusammengebackenen Quarks zerquetscht worden wäre. Auf die Frage, wie die Materie in Schwarzen Löchern organisiert sein könnte, gibt es nur widersinnige und völlig unglaubhafte Antworten.

Stellen wir uns beispielsweise vor, ins Innere der Sonne vorzudringen, ohne Schaden dabei zu nehmen: Wir würden spüren, dass die gravitative Anziehung umso schwächer wird, je weiter wir uns dem Zentrum annähern. Wenn wir die in den äußeren Schichten zusammengedrängte Masse hinter uns ließen, hätte sie bereits merklich nachgelassen und wäre im Zentrum schließlich gleich null. In Schwarzen Löchern geschieht das Gegenteil. Je stärker man sich dem Kern dieses seltsamen Objekts annähert, desto gewaltiger wird seine Anziehung. Im geringsten Abstand zum Zentrum erreicht sie monströse Ausmaße.

Schwarze Löcher sind keine großen Materiebälle wie andere Sterne, im Gegenteil. Sie sind Hohlsphären, in deren Zentrum sich eine *gravitative Singularität*, eine Region von tendenziell unendlicher Dichte verbirgt. Sie sind Regionen der Raumzeit, in der alle Materie auf einen Punkt konzentriert ist. Aber diese Leere, die dieser rein aus Geometrie bestehende Himmelskörper darstellt, ist durch ihr intensives Gravitationsfeld mit einer so gewaltigen Energie ausgestattet, dass sie auf alles in ihrem näheren Umfeld eine vernichtende Wirkung ausübt.

Dass Schwarze Löcher reale astronomische Objekte sind, die unser Universum bevölkern, wurde erst in neuerer Zeit entdeckt. Inzwischen wurden viele Dutzend identifiziert, insbesondere seitdem es gelungen ist, die Gravitationswellen aufzufangen, die entstehen, wenn zwei von ihnen bei einer Kollision miteinander verschmelzen. Heute geht man davon aus, dass ihre Population eine erhebliche Größe hat, auch wenn sie deutlich seltener vorkommen als gewöhnliche Sterne. Mit ihren besonderen Eigenschaften bilden sie eine ganz neue Klasse von Himmelskörpern.

Wie in jüngster Zeit entdeckt wurde, gibt es neben den stellaren Schwarzen Löchern, die aus dem Untergang großer Sterne hervorgehen, auch wahrhaftige Monster, deren Masse so ungeheuer groß ist, dass sie nicht aus einem einzelnen Stern hervorgegangen sein können. Zu diesen *supermassereichen Schwarzen Löchern* zählt Sagittarius-A*, ein Objekt, das mit rund vier Millionen Sonnenmassen im Zentrum unserer Milchstraße liegt. In einigen ist die gesamte Masse einer kleinen Galaxie auf einen einzigen Punkt konzentriert: Milliarden Sterne. Sie sind so groß, dass jede Idee fehlt, wie sie entstanden sein könnten.

Supermassereiche Schwarze Löcher, deren Masse zwischen dem Millionen- und Zehnmilliardenfachen der Sonne liegt, lauern im Zentrum von fast allen Galaxien und sorgen mitunter für Aufsehen. Manche Galaxienkerne senden mächtigste Strahlungsbündel in allen Wellenlängen, Lichtblitze, Radiowellen, Röntgen- und Gammastrahlen aus. Einige schleudern gigantische Materiefilamente über Dutzende oder Hunderte Lichtjahre in den umliegenden Weltraum aus. Supermassereiche Schwarze Löcher erzeugen einige der energiereichsten und erstaunlichsten Phänomene des Kosmos.

Entgegen einer üblichen Beschreibung ist ein Schwarzes Loch kein *Fass ohne Boden*, das alles vollständig in sich hineinzieht. Wenn ein Stern oder eine Gaswolke allzu nah an es herangerät, wird ihre Materie durch die Gezeitenkräfte in Fetzen gerissen und stürzt in einer Spiralbewegung in das Schwarze Loch hinein. Auf diese Weise entsteht eine Akkretionsscheibe, die sogleich in verschiedenen Wellenlängen zu strahlen beginnt und dabei aufleuchtet, weil das eingesogene Material zusammengequetscht wird, aneinanderreibt, sich aufheizt und vollständig ionisiert wird. Dieses rasend um das Gravitationszentrum herumwirbelnde Plasma erzeugt starke Magnetfelder, die ihrerseits die Bahnen des nachfolgend einstürzenden Materials beeinflussen.

Aus zahlreichen Schwarzen Löchern schießen entlang der Polachsen gewaltige Jets aus geladenen Teilchen heraus, deren Entstehungsmechanismus bislang noch nicht genau geklärt ist. Bei den Jets supermassereicher Schwarzer Löcher wurden Geschwindigkeiten nahe der des Lichts gemessen. Beobachtet wurden zudem gewaltige Materiefilamente, die aus ihrer Muttergalaxie bis in eine Entfernung von Millionen Lichtjahre herausschießen. Supermassereiche Schwarze Löcher sind folglich daran beteiligt, die weiten intergalaktischen Räume mit ionisierter Materie anzureichern, die von anderen Galaxien eingefangen werden kann und so zu deren Wachstum beiträgt.

Auf die Erkenntnis, dass Schwarze Löcher dadurch, dass sie gewaltige Mengen an Material verschlingen, zu den hellsten Objekte des Universums werden können, folgt nun die Entdeckung, dass sie entgegen dem Anschein eben keine Fässer ohne Boden sind, in denen alles auf Nimmerwiedersehen verschwindet. Durch die Verbreitung von feinem Material im gesamten Kosmos bereiten sie vielmehr den Boden für neue Entwicklungen.

7.

Dunkle Gestalten bevölkern das Universum

Die Materie der Himmelskörper – Riesen, Sterne mittlerer Größe, Zwerge, Neutronensterne und Schwarze Löcher – hat nur einen winzigen Anteil an der Gesamtmasse des Universums. Dazu liegen, je nachdem, wie groß die Population der verborgenen Schwarzen Löcher in den Galaxien veranschlagt wird, unterschiedliche Schätzungen vor. Einigkeit besteht immerhin darin, dass dieser Anteil – mit 0,5 bis 1 Prozent – lächerlich gering ist.

Dies erscheint uns unglaublich, weil doch gerade die leuchtenden Sterne uns deutlich vor Augen führen, dass das Universum weitaus größer ist als die Welt, in der sich unser Leben abspielt. Und wenn wir dann noch wissen, dass unser Zentralgestirn über 99 Prozent der Gesamtmasse unseres Sonnensystems ausmacht, gehen wir selbstverständlich davon aus, dass Sterne die massereichsten und gigantischsten Objekte in unserem Umfeld seien. Da fällt die Vorstellung schwer, dass sich im Universum eine so gewaltige Menge an unsichtbarer Materie verbergen soll, dass die Sterne in ihm so gut wie keine Rolle spielen.

Aber nein, es sind eben nicht die Himmelskörper – die leuchtenden, die sich zu Galaxien zusammenscharen, oder die dunklen, die sich in den finstersten Zonen verbergen –, die in den materiellen Strukturen unseres Universums vorherrschen. Im Gegenteil besteht der Kosmos in der überwiegenden Mehrheit aus anderen, bisweilen erstaunlichen Formen von Materie, die eine Aura des Geheimnisvollen umweht. Doch der Reihe nach.

Vor allem Gas und eine Prise Staub

Zwischen den einzelnen Sternen einer Galaxie liegen riesige Entfernungen. Von Proxima Centauri, unserem unmittelbaren Nachbarstern, trennen uns vier Lichtjahre. Wollten wir bis zum Zentrum der Milchstraße kommen, müssten wir viele Tausend Lichtjahre zurücklegen. Dabei wäre diese Reise noch nichts im Vergleich zu der Strecke, die wir bis zu unserer Nachbargalaxie, dem gewaltigen Andromedanebel, hinter uns bringen müssten. Obwohl sie mit einer gewaltigen Geschwindigkeit auf uns zurast, ist sie immer noch zwei Millionen Lichtjahre von uns entfernt.

Galaxien sind imposante Strukturen. Aber ihr gewaltiges Volumen ist nur zu einem unerheblichen Anteil mit Sternen und anderen Himmelskörpern besetzt. In dem Räumen dazwischen herrscht Leere, allerdings keine absolute, sondern eine, die von einer zarten und ungreifbaren Form von Materie durchzogen ist. Dieses sogenannte interstellare Medium hat eine verschwindend geringe Dichte, füllt aber ein so gigantisches Volumen aus, dass es sich in der Schlussbilanz als vorherrschend erweist.

Das dünne Medium, das den Raum zwischen den Sternen durchzieht, besteht vor allem aus molekularem Wasserstoff und Helium, deren Teilchen frei im gesamten Raum herumschweben. Wegen seiner geringen Dichte ist es unsichtbar. Könnte man die Atome des interstellaren Mediums herausfischen, kämen an den Stellen mit der geringsten Dichte pro Kubikzentimeter nur einige wenige und an denen mit der größten Dichte nur rund hundert zusammen. Die einzigen Zonen, in denen man das Vorkommen von Materie erahnt, sind die mit einer Ansammlung großer Mengen an hochfeinem Staub. Beispiele sind der zentrale Kern unserer Galaxis, der wie von einer Art riesiger Wolke umgeben erscheint, oder Bereiche mit gewaltigen molekularen Wolken, in denen entstehende Sterne erkennbar sind, oder auch diejenigen Regionen, in denen vor Jahrhunderten eine Supernova explodiert ist und einen sichtbaren Halo aus Überresten zurückgelassen hat. Jedenfalls bildet

Staub – mit nur 1 Prozent – einen sehr geringen Anteil an der Materie des interstellaren Mediums. Der Rest besteht fast ganz aus Gas, zu drei Vierteln aus Wasserstoff und einem Viertel aus Helium. Er ist ein Überbleibsel der großen Wolken aus leichten Elementen, die unmittelbar nach dem Urknall entstanden und aus deren Konzentration sich die ersten Sterne entwickelt haben. Dieses imposante Reservoir stellt noch immer das Grundmaterial, aus dem sich neue Sterne bilden. Das Gas enthält auch Spuren schwerer Elemente wie Calcium und sogar komplexe organische und anorganische Moleküle.

Wenn wir nun die gewaltigen intergalaktischen Räume, diese uferlosen Weiten, zwischen den Galaxien betrachten, so finden wir auch hier – nicht verwunderlich – eine extrem dünne Materie vor. Obwohl millionenfach dünner als das Gas des interstellaren Mediums, erfüllt sie ein so ungeheures Volumen, dass sie den absolut vorherrschenden Anteil an der Gesamtmasse des Universums stellt. Dieses intergalaktische Medium enthält ionisiertes Gas, vor allem Wasserstoff, als ein ultradünnes Plasma, das aber häufig Strahlung emittiert und deswegen mit geeigneten Instrumenten sichtbar gemacht werden kann. Wie sich dabei herausstellte, sind die scheinbar leeren Räume zwischen den Galaxien in Wahrheit von einem dichten Netz aus Filamenten dieses dünnen Stoffs durchzogen. Feine Spinnweben scheinen die Galaxien zu umhüllen und sie mit den umliegenden Leerräumen zu verbinden.

Die Bilanz zeigt, dass diese feinen Gespinste aus Wasserstoff und Helium, die den intergalaktischen Raum mit Fäden durchziehen, die sich bis ins Innere der Galaxien erstrecken, insgesamt 4 Prozent an der Gesamtmasse des Universums ausmachen.

Da der Beitrag der Sterne mit ihren 0,5 bis 1 Prozent ebenfalls aus Wasserstoff und Helium besteht, stellen diese beiden Elemente den Löwenanteil an der chemischen Zusammensetzung unseres Universums. Mehr als 98 Prozent der gewöhnlichen Materie, die uns überall umgibt, besteht aus Wasserstoff und Helium. Die verbleibenden kläglichen 2 Prozent umfassen alles Übrige, sämtliche schwereren Elemente, angefangen von Kohlenstoff über Sauerstoff und Silizium bis zum Eisen und so weiter. Kurzum, alles, was uns als Bewohner eines kleinen Felsplaneten umtreibt und unmittelbar betrifft, gehört zur Kategorie der ultraseltenen Elemente.

Dabei macht allerdings die gesamte bekannte Materie – die Atome, das Plasma der Sterne und die dünnen Gase in den großen Leeräumen – nur 5 Prozent der Gesamtmasse im Weltraum aus. Aber woraus besteht der Rest? In welcher Form liegen die übrigen 95 Prozent der Materie vor, aus denen sich unser schier unendlich großes Universum zusammensetzt?

Milkomeda und die Blackeye-Galaxie

Die großen Sternansammlungen, die wir Galaxien nennen, durchziehen den gesamten Kosmos. Jedes dieser gewaltigen scheibenähnlichen Gebilde beherbergt Dutzende oder Hunderte Milliarden Sterne und weitere Himmelskörper. Überall verteilt, zeigen sie die unterschiedlichsten Formen, die sich aber in drei große Familien einteilen lassen.

Elliptische Galaxien haben eine mehr oder weniger abgeflachte, eiförmige Gestalt. Manche ähneln gewaltigen linsenförmigen Kugeln. Weil sie lichtschwächer als Spiralgalaxien sind, lassen sie sich am Himmel schwerer aufspüren, weshalb ihre Populationsgröße gerne unterschätzt wird. Astronomen gehen allerdings davon aus, dass sie rund ein Drittel aller Galaxien stellen.

Elliptische Galaxien zeigen sich in Masse und Größe besonders vielfältig – von den Zwerggalaxien mit wenigen Millionen Sternen bis zu den Riesen ihrer Kategorie, die Tausende Milliarden dieser Himmelskörper umfassen. Als Besonderheit enthalten sie fast keinen Staub und kein Gas und bestehen vor allem aus alten erkalteten Sternen. Den Vermutungen nach haben sie den notwendigen Brennstoff, um Sterne neuer Generationen erstrahlen zu lassen, längst aufgebraucht und werden «nur» noch wenige Milliarden Jahre am Himmel leuchten.

Die Ergebnisse ausgeklügelter Computersimulationen haben zu der Überzeugung geführt, dass sie aus zahlreichen Spiralgalaxien entstanden, die miteinander kollidiert und verschmolzen sind. Als Teil einer elliptischen Galaxie zu enden, steht als langfristiges Schicksal wohl auch unserer Milchstraße bevor, die in vier oder fünf Milliarden Jahren mit der Andromedagalaxie kollidieren wird. Ungefähr um diese Zeit hat die Sonne ihren Brennstoff aufgezehrt und schwillt zum Roten Riesen an. Der Fusion zwischen beiden wird sich über einen sehr langen Zeitraum hinziehen, an dessen Ende vielleicht eine elliptische Galaxie der Superklasse entsteht, der die Astronomen schon jetzt einen Namen gaben: Milkomeda.

Das Ereignis verläuft sicherlich spektakulär, auch wenn die eigentliche kosmische Verschmelzung Jahrmilliarden dauern wird. Womöglich endet es – wie ein Freudenfest in manchen Ländern – in einem gewaltigen Feuerwerk. Wenn sich die beiden supermassereichen Schwarzen Löcher im Zentrum der Galaxien ausreichend nahe kommen, treten sie in einen Kollisionsprozess ein und fusionieren schließlich zu einem einzigen Körper mit ungeheurer Masse. Die Gravitationswellen, die dabei ausgelöst werden, sind milliardenfach gewaltiger als diejenigen, welche die Detektoren von LIGO und Virgo auf der Erde registriert haben. Und wenn das neugeborene Monster als ein aktiver Galaxienkern den Staub und die Sterne in seiner Nähe zu verschlingen beginnt, muss man sich auf einiges gefasst machen.

Die Milchstraße und der Andromedanebel sind zwei prachtvolle Spiralgalaxien. Sie gehören der größten Familie an, zu der rund 60 Prozent aller Galaxien zählen. Sie sind gewaltige Ansammlungen von Sternen in Form einer flachen Scheibe mit erkennbaren Spiralarmen, die langsam um einen mehr oder minder deutlich hervortretenden zentralen Kern rotieren. Rund zwei Drittel der Spiralgalaxien besitzen, wie unsere Milchstraße, eine balkenförmige Struktur, die sich vom Kern in der Mitte nach außen erstreckt.

Spiralgalaxien beherbergen zwischen einer und hundert Milliarden Sterne mit einem mittleren Durchmesser von rund 70 000 Lichtjahren. Sie bestehen im Allgemeinen sowohl aus Sternen in der Schlussphase ihrer Existenz als auch aus ganz jungen oder solchen, die gerade erst im Entstehen begriffen sind. Ihr Inneres ist reich an Staub und Gas.

Die irregulären Galaxien – die dritte Familie – stellen rund 10 Prozent der Gesamtzahl dieser Strukturen und zeigen die bizarrsten Formen. Einige sind wie ein Sombrero gestaltet, andere ähneln einem Pinguin, und wieder andere sehen so merkwürdig aus, dass die Astronomen ihrer Fantasie freien Lauf ließen, um aufsehenerregende Namen für sie zu finden: so bei der offenbar an ein schwarzes Auge erinnernden Blackeye-Galaxie.

Die unregelmäßige Form dieser Galaxien rührt häufig daher, dass sie mit Nachbargalaxien in eine Wechselwirkung eingetreten sind, oder von katastrophalen Ereignissen in ihrem Inneren, die ihre Struktur deformiert haben. Bei einigen wird vermutet, dass eine gigantische Explosion in ihrem Kern ihre Sterne und alles übrige Material bis in weite Ferne im umliegenden Raum verteilt hat. Die Deformation entsteht häufig durch die Schwerkraft, die eine Nachbargalaxie auf sie ausübt. Tatsächlich befinden sich manche irregulären Galaxien im Einflussbereich einer großen Spiralgalaxie, von der sie eine Art Satellit bilden – so zum Beispiel die Kleine und die Große Magellansche Wolke, die rund 180 000 Lichtjahre von der Milchstraße entfernt sind. Beide gehören zu den ganz wenigen Galaxien, die von der Erde aus mit bloßem Auge sichtbar sind, allerdings nur unter günstigsten Bedingungen.

Irreguläre Galaxien sind besonders reich an Gas und Staub und beherbergen große Populationen aus frisch entstandenen Sternen. In ihrem Inneren finden sich junge und sehr massereiche junge Sterne, die Licht in den höchsten Frequenzbereichen des sichtbaren Lichts, typischerweise in Blau, emittieren.

Auch wenn zwischen den einzelnen Galaxienfamilien zahlreiche Unterschiede bestehen, haben alle eines gemeinsam: Hinter ihnen verbirgt sich ein tiefes Geheimnis. Ihre leuchtenden Sterne sowie der Staub und das Gas in ihrem Inneren stellen nur einen minimalen Anteil an der Materie, aus der sie bestehen. Etwas völlig Unbekanntes hält sie zusammen: eine Form von Materie, die nicht leuchtet und deren Ursprung derzeit noch ein echtes Mysterium darstellt.

Die dunkle Seite der Materie

Eine der wichtigsten Entdeckungen des vergangenen Jahrhunderts geht auf die US-Astronomin Vera Rubin zurück. Ihr gelang es Mitte der Sechzigerjahre, mit präzisen Messungen zu ermitteln, mit welcher Geschwindigkeit sich die Sterne am Rand von Spiralgalaxien bewegen.

Das Gesetz der universellen Gravitation sagt uns, dass die Umlaufgeschwindigkeit der Sterne mit zunehmendem Abstand vom Zentrum der Galaxie zunächst zunehmen, dann einen Höchstwert erreichen und schließlich bei den entferntesten Sternen drastisch abnehmen müsste. Wenn die Verteilung der Materie – also der Sterne und der interstellaren Wolken aus Staub und Gas – in der Galaxie bekannt ist, lässt sich errechnen, wie stark Sterne in einem bestimmten Abstand zum Zentrum von diesem angezogen werden, und damit auch, mit welcher Geschwindigkeit sie es umrunden müssten.

Rubins Beobachtungen erbrachten allerdings ein überraschendes Ergebnis, das in radikalem Widerspruch zu den theoretischen Vorhersagen stand: Die Geschwindigkeit blieb auch in großen Entfernungen konstant. Die peripheren Sterne einer Spiralgalaxie, sogar die am äußersten Rand, rotierten mit gleicher Geschwindigkeit wie die in nächster Nähe zum Zentrum. Dieses absurde Ergebnis war nur mit der Annahme zu erklären, dass sich in der Galaxie gewaltige Mengen unsichtbarer Materie verbargen. Laut Rubin mussten die Galaxien fünf- oder zehnmal mehr Masse enthalten als bislang angenommen. Ihre Daten bestätigten eine Hypothese, die der brillante Schweizer Astronom Fritz Zwicky schon in den Dreißigerjahren aufgestellt hatte, um die Bewegung der Galaxien in den Galaxienhaufen zu erklären. Demnach gab es im Universum Dunkle Materie.

Rubins Ergebnis war so verblüffend, dass es zunächst Kontroversen entfachte. Ich stelle mir den Kommentar der renommiertesten Wissenschaftler vor: «Wie bitte? Wir haben bereits ein klares Verständnis, wie das Universum entstanden ist. Mit der Urknalltheorie können wir erklären, wie sich die ersten Elemente, Sterne und Galaxien gebildet haben. Und jetzt kommt diese Frau und bringt alles durcheinander. Angeblich soll das Universum von einer Materieform erfüllt sein, die mit der Häufigkeit ihres Vorkommens allem Hohn spricht, was wir bis heute dachten.» Rubin war eine eher unbekannte Wissenschaftlerin und hatte vor dieser Entdeckung umstrittene, wenn nicht gar fehlerhafte Ergebnisse veröffentlicht.

Aber sämtliche Überprüfungen bestätigten immer nur die Hypothese der mutigen Astronomin. Und mehr noch: Die Auswertung von Daten zu den Galaxienhaufen, mit denen sich schon Zwicky beschäftigt hatte, lieferte weitere Belege.

Galaxien leben ungern allein, sie sind innerhalb eines hierarchischen Systems aus Familien durch ihre wechselseitige gravitative Anziehung miteinander verbunden. So gehört beispielsweise die Milchstraße einer lokalen Gruppe aus Galaxien an, die rund siebzig Mitglieder umfasst, verteilt über eine Entfernung von zehn Millionen Lichtjahren. Rund sechzig Millionen Lichtjahre entfernt liegt der Virgo-Haufen, dem ungefähr tausendfünfhundert Galaxien angehören. Mit ihm ist unsere lokale Gruppe Teil des Virgo-Superhaufens, einer gewaltig erweiterten Familie, die mehr als eine Hundertschaft aus lokalen Gruppen und Galaxienhaufen enthält.

Wenn man diese gigantischen Konglomerate untersucht, kann man Rubins Messungen wiederholen und sie auf die Bewegung der Galaxien ausweiten. Und auch dabei stellt man fest, dass die leuchtende Materie bei weitem nicht ausreicht, um die Geschwindigkeit zu erklären, mit der sich diese im Inneren eines Galaxienhaufens bewegen. Ohne die vermutete dunkle Form von Materie, die sie zusammenhält, müssten die Sterne sämtlicher Galaxien auseinanderstreben. Und die Galaxienhaufen hätten sich schon vor Urzeiten aufgelöst.

In den letzten fünfzig Jahren wurde eine eindrucksvolle Menge an Daten zum Vorkommen von Dunkler Materie im Universum gesammelt. Zu den immer genaueren Messungen zur Geschwindigkeit der Sterne in den Spiralgalaxien und der Galaxien in den Haufen kamen weitere Belege hinzu, die bei der Erforschung der kosmischen Strahlung und durch die Nutzung von Gravitationslinsen erbracht wurden. Allen unverständlich blieb dabei nur, warum das Nobelkomitee die Pionierarbeit Vera Rubins auf diesem Gebiet niemals mit dem mehr als verdienten Preis ausgezeichnet hat.

Das Licht, das die Dunkle Materie zum Vorschein bringt

Als Dante beim Abfassen seiner *Göttlichen Komödie* bis zum dritten Teil, dem Paradies, vorgedrungen ist, sieht er sich mit dem Unding konfrontiert, in Versen ein immaterielles und unsichtbares Reich beschreiben zu müssen. Bilder sollen erzählen, was sich nicht in Worte fassen lässt. Daher greift er auf einen genialen Kunstgriff zurück. Die Seelen der Seligen erscheinen als Lichter, Strahlen und Flammen in einer zusehends unbestimmten leuchtenden Umgebung. Insbesondere das Empyreum, den obersten Himmel, beschreibt er mithilfe jener Substanz, die am wenigsten fassbar ist, eben mit Licht. Die glanzvollste Himmelssphäre, der Nicht-Ort außerhalb von Zeit und Raum, wird zum «Himmel reinsten Lichts«.

Beim Besingen der höchsten Sphäre des Paradieses feiert Dante den Triumph des Lichts. Ob das Amphitheater der Seligen, die Engelskreise oder sogar der am hellsten gleißende Punkt, in dem Gott persönlich erstrahlt: Alles besteht aus Licht. Wenn ich diese wunderbaren Verse heute mit den Augen des modernen Wissenschaftlers lese, faszinieren sie mich deshalb so sehr, weil sie mich an etwas erinnern: Ein Großteil von dem, was wir über den Ursprung des

Universums wissen, verdanken wir der eingehenden Erforschung der kosmischen Hintergrundstrahlung.

Diese Strahlung durchwogt als ein Meer aus niederenergetischen Photonen das gesamte Universum. Sie ist ein uraltes Überbleibsel des Urknalls, in dessen Eigenschaften gleichsam die Erinnerung an das magische Zeitalter eingeprägt ist, in der Photonen und Materie noch untrennbar miteinander verbunden waren. Nach dem Urknall musste sich das Uruniversum 380 000 Jahre lang weiter ausdehnen und abkühlen, bis es die kritische Temperatur erreichte, bei der sich die Elektronen mit Protonen zu den ersten Wasserstoffatomen verbinden konnten. Ab diesem Moment konnten die Myriaden von Lichtteilchen, die bis dahin noch in der Materie gefangen waren, ins gesamte Universum ausschwirren, wo sie noch heute, nach Milliarden Jahren, unterwegs sind.

Dieser niederenergetische Photonenfluss, der unablässig aus allen Richtungen auf uns einströmt, birgt eine gewaltige Menge an Aufschlüssen über unsere fernste Vergangenheit. Dank der Entwicklung neuer Instrumente ist es gelungen, ihn bis ins Kleinste zu untersuchen und unzählige Geheimnisse zu lüften.

Die kosmische Hintergrundstrahlung ist nicht das triumphale Licht Dantes, sondern nur ein zartes Aufleuchten, das wir mit bloßem Auge nicht sehen können; ein schwaches Wogen elektromagnetischer Wellen, die sich in den 13,8 Milliarden Jahren, die seit dem Urknall vergangen sind, abgeschwächt haben und durch die unaufhaltsame Expansion der Raumzeit in niedrigere Frequenzen verschoben wurden. Aber ebendieses Strahlungsbad, das das gesamte Universum durchflutet, erzählt uns vom Ursprung der Welt. Seine Existenz haben 1948 die Physiker George Gamow, Ralph Alpher und Robert Herman vorhergesagt, worauf es 1965 von Arno Penzias und Robert Wilson zufällig bei Messungen entdeckt wurde. Dafür erhielten die Letztgenannten 1978 den Nobelpreis für Physik.

Die eingehende Untersuchung der Eigenschaften dieser Strahlung verrät uns viel über die Zusammensetzung unseres Universums. Da sie mit der gesamten Materie des Kosmos wechselwirkt, bleiben in ihr von allem, was sie durchquert, feine Spuren zurück. So sind in der kosmischen Hintergrundstrahlung noch sichtbare Zeichen des Netzes aus Dunkler Materie enthalten, das die Galaxien und deren Haufen zusammenhält. Und dies macht es möglich zu ermitteln, in welchen Mengen diese Materie vorkommt und welche Eigenschaften sie hat.

Schließlich gibt es noch eine dritte Methode, um diesem mysteriösen Bestandteil des Universums auf die Spur zu kommen. Und dabei spielt wieder Licht eine Rolle. Genutzt wird dabei allerdings auch das sichtbare, das Galaxien emittieren. Die Methode beruht darauf, dass große Massekonzentrationen sogar elektromagnetische Strahlen ablenken, und zwar durch den sogenannten *Gravitationslinseneffekt,* ein weiteres Phänomen, das Einsteins Allgemeine Relativitätstheorie vorhergesagt hat.

Jeder hat schon die Erfahrung gemacht, dass ein Stein, der in die Luft geworfen wird, auf einer Parabelbahn zur Erde zurückkehrt. Wenn wir dagegen einen kleinen Laserstrahl einschalten, zum Beispiel um bei einer Präsentation auf einen bestimmten Punkt hinzuweisen, entsteht bei uns der Eindruck, dass sein Licht völlig geradlinig auf die Projektionsfläche auftrifft. Dabei wird es in Wirklichkeit ebenso wie der Stein von der Erde angezogen, nur dass die Ablenkung so geringfügig ist, dass wir sie nicht wahrnehmen können. Für bedeutende Ablenkungen braucht es eine gewaltige gravitative Anziehungskraft wie beispielsweise die der Sonne. Licht breitet sich entlang der Linien der Raumzeit aus, und wenn diese durch eine große Masse in ihrem Umfeld gekrümmt werden, dann sehen wir, dass Licht gekrümmten Bahnen folgt.

Genau dieses Phänomen hat Einsteins neuartige Theorie populär gemacht. Seine Vorhersagen wurden 1919 erstmals von dem britischen Astronomen Sir Arthur Eddington bei einem historischen Experiment nachgewiesen. Eddington beobachtete bei einer Sonnenfinsternis die sonnennächsten Sterne und konnte dabei zeigen, dass ihre scheinbare Position leicht von der tatsächlichen abwich, eben weil unser Zentralgestirn Lichtstrahlen in seinem Umfeld ablenkt. Das gleiche Phänomen ist uns bereits im Zusammenhang mit

Schwarzen Löchern begegnet. Ist die Gravitation ausreichend stark, kann das Licht einen dieser seltsamen Himmelskörper sogar auf einer Umlaufbahn – ähnlich der der Satelliten um unsere Erde – dauerhaft umkreisen.

Gravitationseffekte auf die Lichtübertragung sind auch für die verfälschten oder täuschenden Bilder – regelrechte Fata Morganas – verantwortlich, die uns die stärksten Teleskope liefern: an falschen Stellen auftauchende Sterne oder Galaxien, Vielfachbilder desselben Objekts, deformierte Galaxien, die unter einer verzerrenden Kraft abgeplattet oder verdreht erscheinen. Die Gravitation wirkt eben auch auf Lichtstrahlen ein und kann sie wie eine Linse bündeln.

Den Astronomen und Astrophysikern ist es gelungen, auf der Grundlege dieser Gegebenheiten eine Untersuchungsmethode zu entwickeln. Anhand von Messungen, wie stark das Licht abgelenkt wird, lässt sich die Masse errechnen, die für die Deformation der Raumzeit verantwortlich ist, und dann mit der leuchtenden Masse vergleichen, die in Teleskopen gut sichtbar ist. Die Differenz zwischen beiden ist dann der Dunklen Materie zuzuordnen.

Dieses Verfahren wurde bereits tausendfach auf Sterne, Galaxien und Galaxienhaufen angewandt. Mit dem Einsatz jedes neuen, noch leistungsfähigeren Teleskops wurden immer präzisere Messdaten zu dieser mysteriösen Materie gewonnen.

Die Schätzungen anhand der unterschiedlichen Methoden decken sich auf beeindruckende Weise. Dunkle Materie ist gegenüber der leuchtenden ein vorherrschender Bestandteil des Universums. Wie wir bereits sahen, besteht dieses zu knapp 5 Prozent aus der bekannten, der sogenannten gewöhnlichen Materie in Form von Gas, Staub und Himmelskörpern jedweder Art. Wie wir inzwischen wissen, kommt Dunkle Materie deutlich häufiger vor: Die Masse des Universums besteht zu über einem Viertel, genauer gesagt zu 27 Prozent, aus dieser geheimnisvollen unsichtbaren Substanz.

Wie uns die Untersuchungen verraten, verteilt sich die Dunkle Materie in Form eines gewaltigen Netzes mit unregelmäßiger Knüpfung im Kosmos. Dessen Knoten sind auf die Zonen mit den

Galaxienhaufen konzentriert, mit feinen Filamenten, welche die Regionen höherer Dichte miteinander verbinden. Gewaltige Sphären aus Dunkler Materie umhüllen die einzelnen Galaxien. Diese geheimnisvolle Materieform hält auch unsere Milchstraße zusammen. Dabei füllt sie ein gewaltiges Volumen aus, das sich bis weit über das von den Sternen besetzte hinaus erstreckt. Während die leuchtende Materie der Galaxis auf eine Scheibe mit einem Durchmesser von hunderttausend Lichtjahren begrenzt ist, beträgt dieser bei der Dunklen Materie mit einer Million Lichtjahren das Zehnfache. Eine solche Struktur wiederholt sich auf einer weitaus größeren Skala bei den Galaxienhaufen. Betrachten wir die Verteilung der gewöhnlichen und der Dunklen Materie mit ihrem gewaltigen inhomogenen Netz, erscheint das Universum als ein riesiger Schweizer Käse, in dem die Materiekonzentrationen durch große Leerräume voneinander getrennt sind.

Aber woraus besteht diese Dunkle Materie, die allenthalben in Hülle und Fülle, ja sogar in unseren Wohnräumen verteilt ist? Da sie Licht weder emittiert noch absorbiert, ist ihr schwer beizukommen. Sie wechselwirkt nur über die schwächsten Kräfte: sicher über die Gravitation, aber laut einigen Theorien auch über die schwache Kraft. Deren Wechselwirkungen sind allerdings zu geringfügig, als dass sie sich einfach aufspüren ließen. Wissenschaftler haben geniale Methoden ersonnen, um Signale aufzufangen, dank denen wir die Eigenschaften der Dunklen Materie dingfest machen könnten. Dazu schickten sie spezielle Satelliten in den Orbit und installierten höchst empfindliche Detektoren in Höhlen oder aufgegebenen Minen kilometertief unter der Erde, um sie gegen Störungen abzuschirmen – aber bislang ohne nennenswerte Ergebnisse. Also geht die Suche weiter.

Nach Dunkle-Materie-Teilchen wird auch in Beschleunigern wie dem LHC gefahndet. Es könnten sehr leichte Teilchen mit seltsamen Eigenschaften sein, die regelmäßig entstehen, aber bislang übersehen wurden, weil wir die Suche nach ihnen nicht mit der notwendigen Aufmerksamkeit betrieben haben. Es könnten allerdings auch besonders schwere Teilchen sein, die nicht direkt herstellbar sind, weil die Energie der derzeitigen Beschleuniger dafür nicht ausreicht. Wenn das Higgs-Boson in Dunkle Materie zerfallen würde – ein mögliches, aber seltenes Ereignis –, könnten wir ihr auf die Spur kommen, wenn wir dabei allzu viele Bosonen im Nichts verschwinden sähen. Die Teilchen der Dunklen Materie würden zwar unbehelligt durch unsere großen Beschleuniger sausen, sich aber durch übermäßig viele Ereignissen mit einer unausgewogenen Energie- und Impulsbilanz bemerkbar machen.

Bleibt schließlich die Möglichkeit eines Glückstreffers, entsprechend dem Jackpot im Lotto. Kandidaten für Dunkle-Materie-Teilchen kommen in zahlreichen Theorien der neuen Physik ins Spiel. Wenn in den Daten des LHC zum Beispiel eine Familie von supersymmetrischen Teilchen auftauchen würde, könnten wir Geschichte schreiben. Mit der Entdeckung der Supermaterie müssten wir den Katalog der Elementarteilchen um mehr als das Doppelte erweitern und würden das Geheimnis der Dunklen Materie lüften. Wir hätten zwei Fliegen mit einer Klappe geschlagen. Aber bislang hat sich noch nichts von alldem bewahrheitet.

Bleiben wir bei der Sache, ohne ins Träumen zu verfallen, denn uns erwarten weitere Überraschungen. Die bislang erörterten Formen, die gewöhnliche und die Dunkle Materie, tragen nur zu rund einem Drittel der Gesamtmasse des Universums bei. Das Wichtigste kommt erst noch.

Das rätselhafte Reich der Finsternis

Die Entdeckung der Dunklen Energie hat alle, auch die Fachleute, überrascht. Als die Astronomen 1998 erstmals vor den verblüffenden Daten saßen, trauten sie ihren Augen nicht. Aber die Ergebnisse ließen keine Zweifel: Das Universum expandierte nicht mit konstanter Geschwindigkeit, sondern hatte vor geraumer Zeit eine spürbare Beschleunigung erfahren. Alles entfernte sich in einem immer schnelleren Tempo voneinander. Was die Wissenschaftler sahen, widersprach den Erwartungen und der Intuition. Eigentlich hätte die Gravitation die Expansionsgeschwindigkeit der Raumzeit abbremsen müssen, aber nun war das Gegenteil der Fall.

Verschiedene Forschungsteams arbeiteten viele Jahre an der Überprüfung, ob das, was die Daten sagten, der Realität entsprach oder nur auf Messfehlern beruhte. Am Ende mussten sie sich ins Offensichtliche fügen. Sie hatten ein Naturphänomen entdeckt, mit dem niemand gerechnet hatte. Am Ende erkannte auch die Königlich Schwedische Akademie der Wissenschaften in Stockholm die Bedeutung dieser Entdeckung an. 2011 zeichnete sie die Astronomen Saul Perlmutter, Brian Schmidt und Adam Riess, die erste Forschungen auf diesem Gebiet unternommen hatten, mit dem Nobelpreis aus.

Das seltsame Phänomen, für das eine Erklärung gesucht wurde, erhielt gleich zu Anfang die Bezeichnung *Dunkle Energie*, weil hinter ihm ein völlig rätselhafter Mechanismus steckt. Eine absolut unbekannte Form von Energie sorgt für eine Beschleunigung der Expansionsgeschwindigkeit des Universums. Vermutet wurde eine Art Antigravitation, ein höchst seltsames Verhalten der uns bekannten Gravitation, bei dem sie ihre Anziehung in den weitesten Entfernungen in eine Abstoßung umkehrt. Nach anderen Vermutungen sollte eine Art Vakuumenergie, eine positive Energie, einen negativen Druck ausüben und dadurch alles im Universum auseinandertreiben.

Die Idee, dass das Vakuum eine positive Energie enthalten könnte, die es expandieren lässt, stand schon lange im Raum. Als Erster hatte Albert Einstein sie aufgebracht. Für sein Modell eines statischen Universums, also eines mit einem Ausgleich für die Schwerkraft, die früher oder später für einen Kollaps des Universums hätte sorgen müssen, führte Einstein in seinen Gleichungen willkürlich eine positive Konstante, die sogenannte *kosmologische Konstante,* ein. Diese sorgte für ein Gleichgewicht: Indem sie das Universum expandieren ließ, wirkte sie der Gravitation entgegen und hielt es so stabil.

Als später entdeckt wurde, dass alles aus einem Urknall hervorgegangen ist und die Galaxien seither auseinanderstreben, bezeichnete Einstein seine Entscheidung als die «größte Eselei» seines Lebens. Tatsächlich benötigt ein Universum, das aus einer ultradichten und superheißen Singularität hervorgegangen ist, keinen weiteren Impuls zur Expansion, damit ein Gleichgewichtsverhältnis entsteht. Kurioserweise konnte damals niemand, auch Einstein nicht, vorhersehen, dass seine kosmologische Konstante am Ende des 20. Jahrhunderts mit den Entdeckungen von Perlmutter, Schmidt und Riess eine Renaissance erleben würde. Die physikalische Natur scheint also Einstein am Ende immer recht zu geben, sogar dann, wenn er selbst vom Gegenteil überzeugt ist.

Um über das Vorkommen und die Verteilung von Dunkler Energie wertvolle Aufschlüsse zu gewinnen, nutzen die Forschenden einmal mehr die Analyse kleinster Inhomogenitäten in der kosmischen Hintergrundstrahlung sowie die Gravitationslinseneffekte, die Galaxien und Galaxienhaufen erzeugen. Merkwürdigerweise ermöglicht es uns wieder das Licht, einen Blick in diese finstere Seite des Kosmos zu werfen.

Die Dunkle Energie ist im Universum besonders homogen verteilt – ganz im Gegensatz zur gewöhnlichen oder zur Dunklen Materie. Die materiellen Substanzen durchziehen den Kosmos wie ein Netz mit Knoten und Filamenten hoher Dichte, die sich mit weiten Leerräumen abwechseln. Dagegen ist die Dunkle Energie im Universum gleichförmig verteilt, scheint dessen Volumen vollständig auszufüllen und übt auf alles Enthaltene eine abstoßende Kraft aus.

Um den Ursprung dieser mysteriösen Form von Energie zu enträtseln, haben Forschende überprüft, ob die Expansion des Universums zu einem bestimmten Zeitpunkt in allen Regionen gleich schnell verläuft. Wie sie dabei feststellten, kam diese Beschleunigung erst in den letzten Milliarden Jahren zum Zug. Zuvor war die Expansion über einen sehr langen Zeitraum in einem völlig anderen Tempo als dem heutigen verlaufen.

Zu Erklärung wurden zahlreiche Hypothesen in Betracht gezogen: Könnte es sich um eine neue Grundkraft der Physik handeln? Oder um ein anormales Verhalten der Gravitation? Oder enthält das Gewebe der Raumzeit ganz besondere Strukturen, eine Art von Defekten in ihrer regelmäßigen Textur? Aber dem Ursprung dieses seltsamen Phänomens ist bis heute noch niemand auf die Spur gekommen. Die Dunkle Energie zu erklären, bleibt eine der größten Herausforderungen der modernen Physik.

Selbst wenn ihr Ursprung ein Rätsel bleibt, konnte immerhin der Anteil der Dunklen Energie an der Zusammensetzung des Kosmos bestimmt werden, und zwar anhand präziser Messungen dazu, wie sie sich auf die Geometrie des Universums auswirkt und welche Dichteschwankungen die Materie im Weltraum zeigt.

Das Ergebnis ist spektakulär: Die Dunkle Energie trägt mit rund 68 Prozent zu dessen Gesamtmasse bei. Das Universum besteht zu fast zwei Dritteln aus dem geheimnisvollsten seiner Bestandteile. Addiert man den Anteil der Dunklen Materie hinzu, ergibt sich ein geradezu verstörendes Bild. Trotz der großen Fortschritte der gegenwärtigen Wissenschaft müssen wir einräumen, dass wir von rund 95 Prozent von all dem, was uns umgibt, rein gar nichts wissen.

Die sanftmütigen und freundlichen Boten

Wenn wir den Beitrag der Dunklen Energie einrechnen, kommen wir auf fast 100 Prozent der Gesamtmasse des Universums. Es bleibt nur noch ein kleiner Prozentsatz übrig, und der ist nicht wegen seines lächerlich geringen Wertes, sondern deswegen von Bedeutung, weil er reichhaltige Informationen bereithält. Er besteht aus mysteriösen Boten, die uns vielleicht einige der oben erörterten Geheimnisse lüften helfen, wenn wir besser verstehen, was sie uns erzählen.

Wir reden von Neutrinos, Teilchen, die Elektronen ähneln, aber viel leichter und vor allem elektrisch neutral sind. Wir sind ihnen bereits in der Welt der subatomaren Größen begegnet. Aber Neutrinos sind auch im anderen Extrem, in der Welt der kosmischen

Entfernungen, in ihrem Element. Sie durchstreifen in Scharen die Galaxien, werden ständig von der Sonne und anderen Sternen emittiert und schießen wohlgelaunt und ohne eine Spur zu hinterlassen, durch die massivsten Planeten.

Alle wichtigen Fusionsreaktionen, die im Kern der Sterne ablaufen, erzeugen Neutrinos. Jeder Stern, der am Nachthimmel leuchtet, strahlt sie in großen Mengen aus. Weil sie mit der Materie nur über die schwache Kraft und damit äußerst selten wechselwirken, entkommen sie unmittelbar nach ihrer Entstehung auch den massereichsten Sternen und schweifen auf ewig überall im Kosmos umher. Nicht einmal Neutronensterne, die dichtesten Objekte, die wir uns vorstellen können, können sie gefangen halten. Neutrinos sitzen in deren ultradichtem Brei aus Kernmaterie nur für einige Sekunden fest, befreien sich aus dessen Umklammerung und flitzen davon.

Auch der Untergang eines Sterns setzt gewaltige Neutrinoflüsse frei. Obwohl sich Supernovaexplosionen durch einen Lichtblitz auszeichnen, wird fast die gesamte beim gravitativen Kollaps freigesetzte Energie von den Neutrinos abgeführt. Immer wenn ein großer Stern sein Leben beschließt, eilen diese stillen Boten durchs ganze Universum. Auch wenn es einige Zeit dauert, weil sie nicht schneller als Licht vorankommen, können sie die Nachricht von der Katastrophe früher oder später überallhin tragen.

Und es gibt hochenergetische Neutrinos, die als kosmische Boten Besonderes leisten und es uns ermöglichen, die extremsten Regionen des Weltalls zu untersuchen. Im Gegensatz zu kosmischen Strahlen sind Neutrinos gegenüber Magnetfeldern unempfindlich und können so auf gerader Bahn durchs Universum eilen. Da sie mit Materie nur schwach wechselwirken, bewegen sie sich durch alles, was in ihrem Weg «steht», ungehindert hindurch und reisen unbehelligt von einer Galaxie zur nächsten. Wenn man die Richtung rekonstruiert, aus der sie eingetroffen sind, erschließt sich einem die Position ihrer Quelle.

Kosmische Strahlen bestehen dagegen aus geladenen Teilchen, hauptsächlich Protonen. Wenn sie durch die Galaxie schwirren, in der sie entstanden, wechselwirken sie mit allem, auf das sie stoßen: mit Magnetfeldern, Staub und Gas. Für die Energiereicheren unter ihnen sind sogar die Photonen der kosmischen Hintergrundstrahlung eine nicht unerhebliche Zielscheibe. Sie sind also eher ungeeignete Instrumente, um Aufschlüsse darüber zu gewinnen, woher sie stammen und aus welchen Abläufen sie hervorgingen.

Dafür zweckdienlich sind dagegen Gammastrahlen, Blitze aus hochenergetischen Photonen, weil auch sie die riesigen interstellaren Räume fast unbehelligt durchstreifen. Und gerade das zeitgleiche Auftauchen hochenergetischer Neutrinos und eines Gammablitzes lieferte vor kurzem einen ersten Hinweis auf den Ursprung einiger der gewaltigsten Phänomene des Kosmos.

Um hochenergetische Neutrinos zu identifizieren, müssen gewaltige Massen an Wasser oder Eis, die gut gegen die von oben einfallenden kosmischen Strahlen abgeschirmt sind, mit geeigneten Instrumenten bestückt werden. Das Observatorium, das erstmals Neutrinokollisionen – eine neue Klasse von Ereignissen – aufspürte, liegt in der Antarktis und trägt den vielsagenden Namen *IceCube,* «Eiswürfel». Hinter der saloppen Bezeichnung verbirgt sich eine gigantische Apparatur, die sich die besondere Transparenz des antarktischen Eises zunutze macht. Die Forschenden von *IceCube* haben in einer Tiefe von rund 1500 Metern eine Art Würfel mit einer Seitenlänge von einem Kilometer mit Sensoren ausstatten lassen.

In diesen finsteren und stillen Tiefen wurden erstmals Signale hochenergetischer Neutrinos aufgefangen. Einige wechselwirkten mit dem Eis und erzeugten dabei geladene Teilchen, die Signale in Form von Leuchtspuren hinterließen. Die frei gewordene Energie war so hoch, dass verschiedene im Eis verteilte Sensoren anschlugen. So konnten die Wissenschaftler die Flugrichtung des betreffenden kollidierten Neutrinos rekonstruieren.

IceCube spürte Neutrinos mit der tausendfachen Energie derer auf, die sich typischerweise im LHC zeigen, ein untrüglicher Hinweis darauf, dass sie durch imposante kosmische Beschleunigungsmechanismen entstanden.

Ein solches Ereignis mit einer Energie, die zwar unter der des gemessenen Rekords, aber immer noch bei 300 TeV lag, wurde 2017 registriert und bildete den Startschuss für eine sofortige Beobachtungskampagne. Als die Galaxie bekannt war, aus der die Neutrinos stammten, konnte mithilfe weiterer, vor allem für Gammablitze empfindlicher Sensoren nachgewiesen werden, dass dieselbe Quelle auch hochenergetische Photonen emittierte. Das zeitliche Zusammentreffen beider Phänomene konnte kein Zufall sein, schon deshalb nicht, weil die fragliche Galaxie ein Schwarzes Loch enthält, das immer noch für Aufsehen sorgt und in zahlreichen Frequenzen strahlt.

Da Neutrinos und hochenergetische Gammastrahlen Nachkommen von ultrahochenergetischen kosmischen Strahlen sind, weist die Richtung, aus der sie kommen, auf Quellen hin, in denen die gewaltigsten Mechanismen kosmische Teilchen beschleunigen. Aus diesen gehen höchstwahrscheinlich die energiereichsten kosmischen Strahlen hervor.

Die naheliegendsten Kandidaten sind Supernovaexplosionen und die Aktivität von supermassereichen Schwarzen Löchern im Zentrum von Galaxien. Vermutungen zufolge werden kosmische Strahlen mit Energien von bis zu 1000 TeV durch Supernovaexplosionen in unserer Galaxis beschleunigt. Deren gewaltige Schockwelle, die sich im interstellaren Gas ausbreitet, kann Teilchen und Atomkerne auf besonders hohe Energien beschleunigen. Für die höchsten Energien braucht es noch gewaltigere Phänomene, zum Beispiel die paroxysmale Phase in der Aktivität der gigantischsten Schwarzen Löcher, aktiver Galaxienkerne, die über relativistische Jets gewaltige Materiemassen ausschleudern. Im Vergleich zur Leistungsfähigkeit dieser kosmischen Beschleuniger erscheint der irdische LHC, auf den wir so stolz sind, fast schon als ein Witz.

Ein Bad aus Neutrinos gibt es auch am anderen Ende der Energieskala. Bislang hat diese noch niemand aufgespürt, aber alle Wissenschaftler sind sich einig, dass mit der kosmischen Hintergrundstrahlung auch eine Population an fossilen Neutrinos kosmischen Ursprungs im Universum unterwegs ist.

Kosmische Neutrinos sind eine Form von Dunkler Materie, verhalten sich dabei aber sehr seltsam. Anders als diese und als gewöhnliche Materie scharen sie sich nicht zu Strukturen zusammen. Ultrakalt, haben sie eine mittlere Temperatur von nur 1,95 Grad über dem absoluten Nullpunkt. Damit sind sie noch kälter als die Photonen der kosmischen Hintergrundstrahlung. Aber diese minimale Energie verleiht ihnen eine ausreichend hohe Geschwindigkeit, um sich überallhin auszubreiten.

Dieselben niedrigenergetischen Neutrinos, die den kosmischen Strahlungshintergrund bilden, schossen dereinst mit ultrarelativistischen Geschwindigkeiten durchs Uruniversum. Und in ihm spielten sie eine sehr wichtige Rolle. Heute ist ihre Bedeutung sicherlich weitaus geringer, aber sie dienen immer noch als eine grundlegende Informationsquelle, um zahlreiche Einzelheiten zum frühen Universum zu rekonstruieren. Von der Materie entkoppelten sie sich nur rund eine Sekunde nach dem Urknall, während Photonen Hunderttausende von Jahren brauchten, um sich aus deren Umklammerung zu befreien. In den Eigenschaften des kosmischen Neutrinohintergrunds sind folglich charakteristische Abdrücke des Uruniversums erhalten, die uns bei richtiger Deutung noch viele Geheimnisse offenlegen können. Die Jagd nach den ersten Signalen kosmischer Neutrinos geht weiter.

Kurzum, Neutrinos sind eine weitverbreitete Spezies im Universum, auch wenn sie zu dessen Gesamtmasse nur magere 0,3 Prozent beitragen.

Diese sanftmütigen und freundlichen Boten zeigen gute Manieren. Sie stören nicht, bereiten keinen Ärger, aber wenn man ihnen aufmerksam zuhört, erfährt man von Welten, in denen sich unvorstellbare Katastrophen abspielten. Auch berichten sie uns von der Gluthölle, die in den ersten Augenblicken unseres Universums herrschte. Diese so wohlerzogenen und scheuen Teilchen bringen viele unserer Vorurteile zum Einsturz und erzählen uns mit zarter Stimme die fürchterlichsten und erschreckendsten Geschichten.

8.

Was gibt dem Wasser Halt, in dem der Bahamut schwimmt?

Der Bahamut ist ein Riesenfisch, der in arabischen Schöpfungsmythen und in einer Erzählung in *Tausendundeine Nacht* auftaucht, durch die Jorge Louis Borges auf ihn aufmerksam wurde.

In seinem Buch *Einhorn, Sphinx und Salamander* gibt Borges eine Überlieferung zu diesem seltsamen Geschöpf folgendermaßen wieder: «Gott schuf die Erde, aber die Erde hatte keinen Halt, und so schuf Er unter der Erde einen Engel. Aber der Engel hatte keinen Halt, und so schuf Er unter den Füßen des Engels einen Felsen aus Rubin. Aber der Felsen hatte keinen Halt, und so schuf Er unter dem Felsen einen Stier mit viertausend Augen, Ohren, Nasen, Mäulern, Zungen und Füßen. Aber der Stier hatte keinen Halt, und so schuf Er unter dem Stier einen Fisch, Bahamut genannt, und unter den Fisch tat er Wasser und unter das Wasser Finsternis, und die menschliche Wissenschaft weiß nicht, was sich jenseits dieses Punktes befindet.»

Der Mythos vom Bahamut erinnert an das Problem, mit dem sich die Kosmologie in der zweiten Hälfte des vergangenen Jahrhunderts herumschlug: Immer wenn sie für eine Naturerscheinung eine Ursache gefunden hatte, musste sie für diese ihrerseits eine Ursache finden und so endlos weiter. In diese Falle droht man jedes Mal hineinzutappen, wenn man die Entstehung der Materie zu erklären versucht. «Na schön, sie ist durch den Urknall entstanden, aber was hat den Urknall verursacht?» Diese Falle können wir inzwischen umgehen. Um es mit Borges zu sagen: Am Ende des 20. Jahrhunderts hat die Wissenschaft das Geheimnis gelüftet, was dem Wasser, in dem der Bahamut schwimmt, seinen Halt gibt.

Kritische Dichte des Universums

Die Urknalltheorie löste seit ihrer erstmaligen Formulierung hitzige Debatten aus. Das Vorurteil, wonach das Universum ewig und unveränderlich bestehe, war auch unter den angesehensten Wissenschaftlern weit verbreitet. Um dieser neuen, allzu suggestiv erscheinenden Hypothese etwas entgegenzusetzen, entwickelten sie die Theorie eines stationären Universums. Sie akzeptierten zwar, dass das Universum expandierte, vermuteten aber in ihrer kosmologischen Alternative, dass in ihm ständig neue Materie entstand und seine Dichte dadurch konstant blieb. So behielt der Kosmos über die Zeit seine Eigenschaften bei und brauchte weder einen Anfang noch ein Ende. Der Mechanismus war etwas vertrackt, aber die Bildung neuer Materie war schon deswegen schwer nachzuweisen, weil pro Jahr nur ein Wasserstoffatom pro Kubikkilometer entstand. Angesichts einer so verschwindend geringen Menge ließ sich die Theorie unmöglich widerlegen.

Die beiden rivalisierenden kosmologischen Hypothesen erhitzten die Gemüter der Wissenschaftler über mehrere Jahrzehnte. Ein besonders erbitterter Verfechter der «Steady-State-Theorie» war gerader jener Fred Hoyle, der in einer Ironie des Schicksals den Ausdruck «Urknall» (Big Bang) geprägt hatte.

Hoyle war ein glühender Anhänger der materialistischen Hypothese, ein entschiedener Gegner der Idee, wonach das Universum aus einer uranfänglichen Singularität hervorgegangen sei: Sie ähnelte zu stark dem Schöpfungsgedanken, der von den Religionen vertreten wurde. Und was ihn zweifellos noch mehr aufbrachte: Die lästige Theorie ging auf Georges Lemaître zurück, der zwar ein grandioser Physiker, aber auch katholischer Priester war.

Die Entdeckung der kosmischen Hintergrundstrahlung setzte allen Diskussionen ein Ende, auch wenn Hoyle und andere – ähnlich den letzten japanischen Kämpfern, die noch Jahrzehnte nach Ende des Zweiten Weltkriegs im Dschungel auftauchen sollten – ihre Thesen bis zu seinem Tod 2001 weiterhin hartnäckig verfochten.

Die Mehrheit der Wissenschaftsgemeinde folgte ihm allerdings nicht auf seinem persönlichen Kreuzzug. Penzias und Wilson hatten die charakteristische Strahlung entdeckt, die die Theoretiker des Urknalls vorhergesagt hatten. Und die empirischen Daten zu deren Gleichförmigkeit und Temperatur deckten sich mit den Berechnungen anhand der theoretischen Modelle. Jetzt bestanden keine Zweifel mehr: Das Universum war vor Milliarden Jahren entstanden, aus einem ganz besonderen Punkt von höchster Dichte und Temperatur.

Aber hier lauerte die Falle des Bahamut. Wenn alles aus dem Urknall hervorgegangen war, woraus war dann der Urknall entstanden?

Die Frage war mehr als berechtigt. Nur auf eine Singularität zu verweisen, reichte nicht. Die nachdenklichsten Wissenschaftler, auch unter den Verfechtern der neuen Theorie, beschäftigten sich mit dem Problem der Dynamik. Durch keinen bekannten Mechanismus ließ sich der gesamte Inhalt unseres Universums auf einen unendlich kleinen Punkt zusammenpressen. Das Paradox war offenkundig. Die Physiker, gewohnt, die Dynamik sämtlicher Naturphänomene zu erklären, standen vor einem unlösbaren Rätsel. Welche Mechanismen konnte die Bildung erster Materie – die Mutter aller physikalischen Abläufe – angestoßen haben? Die Frage stellte sich auf eine verwirrende Weise, sobald man sie aus dem Blickwinkel der Energie betrachtete. Um das riesige uns bekannte Universum hervorzubringen, brauchte es eine gigantische Menge an Energie. Man musste sich fragen, wo diese hergekommen sein sollte.

Während die Urknalltheorie über die Jahrzehnte durch eine immer größere Sammlung an Belegen gestützt wurde, bis sie schließlich als außer Konkurrenz stehend galt, blieb ihre innere Schwachstelle bestehen. Niemand konnte die einfachste Frage beantworten: Wodurch ist der Urknall entstanden?

Man begann zu überlegen, ob ein Blick auf die Zukunft des Universums die Antwort bringen könnte. Wenn man seine Weiterentwicklung und vielleicht sogar sein Ende vorherzusehen versuchte, würde man vielleicht auf die richtige Lösung stoßen, um seinen Anfang zu verstehen. Dieser Ansatz brachte die Notwendigkeit mit sich, die Dichte des Universums zu messen.

In der Hypothese eines expandierenden Universums ist die Dichte von dessen Masse und Energie deshalb so wichtig, weil von ihr die gravitative Anziehung abhängt, die seiner Expansion entgegenwirkt. Je größer die im Universum enthaltene Masseenergie ist, desto stärker wirkt sie ihr entgegen, bis die Expansionsbewegung an einem bestimmten Punkt schließlich die Gegenrichtung einschlägt.

Die Dichte des Universums steht ihrerseits in einer Beziehung zur Geometrie der Raumzeit. Wenn die Gravitation dominiert, ist das Universum geschlossen, sphärisch, endlich und zum Kollaps bestimmt. Die Raumzeit ist gekrümmt. Die gravitative Anziehung bremst ihre Expansionsbewegung, bringt sie zum Stillstand und kehrt sie am Ende um. Alles würde sich immer stärker einander annähern und schließlich zu einem praktisch unendlich dichten Punkt zusammenstürzen. Es entstünde wieder eine Singularität. Damit würde das Universum einen unendlichen Zyklus durchlaufen, als ein Wechselspiel aus Expansionsphasen, die mit einem Urknall beginnen, und Kontraktionsphasen, die in einem Big Crunch, einem großen gravitativen Kollaps, enden.

Anhand dieses zyklischen Mechanismus ließe sich die Dynamik des gesamten Prozesses verstehen, wobei die verfängliche Frage grundsätzlich vermieden würde, was ihn hervorgebracht hatte. Andernfalls bliebe das Problem in vollem Umfang bestehen. Dominiert der Expansionsdruck, ist das Universum zu einem grenzenlosen Wachstum bestimmt, bei dem es sich bis ins Unendliche erweitert. Die Raumzeit wäre in Form einer Sattelfläche negativ gekrümmt. Und sie hätte eine hyperbolische Geometrie. Würden sich die beiden Antriebe dagegen die Waage halten, läge ein flaches Universum vor, das der euklidischen Geometrie folgt und ebenfalls zur ewigen Expansion bestimmt ist.

Die Messung der Dichte der Materie und Energie des Universums wurde somit zu einem wesentlichen Ansatzpunkt, um dessen Entwicklung zu verstehen und der Falle zu entgehen, die beim Problem der Dynamik des Urknalls lauert.

Alle Beobachtungen mithilfe unterschiedlichster Methoden – die präzise Vermessung der kosmischen Hintergrundstrahlung mithilfe von Spezialsatelliten, Analysen zum Vorkommen primordialer Elemente, die Einschätzung der Massenverteilung im Universum mithilfe von Gravitationslinsen – lieferten eindeutige Ergebnisse: Die kritische Dichte des Universums – die seinen Kollaps herbeiführen würde, wurde auf fünf Wasserstoffkerne pro Kubikmeter geschätzt, während die mittlere Dichte der gewöhnlichen Materie bei 0,25 Kernen pro Kubikmeter lag. Sie betrug also ein Zwanzigstel des kritischen Wertes. Damit konnte das Universum nicht geschlossen sein. Die Hypothese, wonach sich alles aus einem Alternieren von Big Bang und Big Crunch erklärte, musste endgültig aufgegeben werden.

Daraus ergab sich wieder die Notwendigkeit, eine dynamische Erklärung für die uranfängliche Singularität beizubringen. Auch wenn die Urknalltheorie weiterhin großen Zuspruch fand, war den besonders umsichtigen Wissenschaftlern bewusst, dass sie im Nu in sich zusammenstürzen konnte, sollte es nicht gelingen, für den Mechanismus, der den Urknall ausgelöst hatte, eine überzeugende Erklärung zu liefern.

An diesem Punkt tauchte ein neues Faktum auf, eine revolutionäre Theorie, entwickelt von zwei jungen Wissenschaftlern zu Beginn der Achtzigerjahre. Der Amerikaner Alan Guth und der Russe Andrei Dmitrijewitsch Linde schlugen in verschiedener Version die Hypothese vor, wonach der Urknall durch eine kosmische Inflation ausgelöst worden sei. Die Idee war deshalb beeindruckend, weil sie einen Zufallsmechanismus an den Anfang des Universums setzte: eine Quantenfluktuation, die aus dem Vakuum ein skalares Teilchen extrahiert hatte. Dieser Neuankömmling – das sogenannte *Inflaton* – konnte für den sogenannten Urknall, diese gewaltige exponentielle Expansion, den Zündfunken geliefert haben.

Auch wenn diese Theorie große Debatten entfesselte, wurde sie anfangs nur von wenigen ernst genommen, weil sie den experimentellen Daten zu widersprechen schien. Dies änderte sich mit dem eingehenden Strom an Präzisionsmessungen zur kosmischen Hintergrundstrahlung.

Das inflationäre Modell konnte die große Homogenität der Temperatur erklären, die von den hochempfindlichen Geräten registriert wurde. Nur mit einem exponentiellen Wachstum, das die winzigsten Fluktuationen auf eine kosmische Skala ausgeweitet hatte, ließ sich darlegen, warum um Milliarden Lichtjahre auseinanderliegende Regionen exakt die gleiche Temperatur aufwiesen.

Aber ein krasser Widerspruch blieb. Das inflationäre Modell verlangt ein Universum mit einer flachen Krümmung, einer euklidischen Geometrie und einer genau beim kritischen Wert liegenden Dichte. Und hier hatten die Verfechter der Inflationstheorie offenbar sämtliche Daten gegen sich. Erst mit der Entdeckung der Dunklen Energie und mit der korrekten Schätzung von deren Anteil und dem der Dunklen Materie an der Gesamtmasse des Universums ließen sich die Teile des Puzzles richtig zusammensetzen. Und auch die detaillierte Analyse der Verteilung der kleinsten Anomalien, der sogenannten Anisotropien der Temperaturverteilung, stützte die Theorie der kosmischen Inflation. Die neue Theorie hatte Vorhersagen getroffen, die später von den experimentellen Daten bestätigt wurden.

Was das Vakuum ist

Sämtliche bis heute durchgeführten Messungen sprechen für das inflationäre Modell. Dass sich nicht alle Kritiker von seiner Gültigkeit überzeugen ließen, liegt daran, dass das Inflaton, dieses skalare Teilchen, das die paroxysmale Aufblähung und damit den Urknall zu verantworten hat, immer noch nicht entdeckt wurde. Dass sich in einem Teil der Wissenschaftsgemeinschaft eine gewisse Skepsis hält, ist folglich durchaus normal und Teil der gewohnten Entwicklung. Erst wenn das Teilchen aufgetaucht ist, das die kosmische Inflation verursacht hat, ist diese Theorie endgültig bewiesen. Ohne dessen Entdeckung gibt es keinen Zugriff auf die zahlreichen Einzelheiten, die noch festzulegen sind. Aber das Gesamtbild ist bereits ausreichend genau – und es überrascht.

Woraus die Materie entstand und was am Anfang des Universums stand, lässt sich besser verdeutlichen, wenn man nochmals Fred Hoyles Einwände gegen die Urknalltheorie aufgreift. Der britische Physiker sah sie als einen Irrweg an, weil er sich mit keiner Theorie abfinden konnte, die gegen Lavoisiers Gesetz der Erhaltung der Massen verstieß. Diese hatte der große französische Gelehrte – der während der Revolution unter der Guillotine geendet war – folgendermaßen formuliert: «Bei einer chemischen Reaktion in einem abgeschlossenen Behälter ist die Summe der Masse der Ausgangsstoffe immer gleich der Summe der Massen der Reaktionsprodukte.»

Hoyle führte gegen die Urknalltheorie Lavoisier ins Feld: «Aber ist der Gedanke nicht noch paradoxer, dass ein Haufen Stoff, das gesamte Universum, urplötzlich aus dem Nichts entstanden sein soll?» In seiner Aussage hallten die Worte des Empedokles nach, des großen griechischen Gelehrten aus Agrigent, der im 5. Jahrhundert v. Chr. verkündet hatte: «Aus nichts kann nichts entstehen.»

Das ist der Kern der Frage: Woraus ist das beim Urknall in die Welt gekommene Universum entstanden? Aus dem Vakuum, sagt uns die gegenwärtige Physik. Aber Achtung: Das Vakuum ist kein Nichts, sondern in vielerlei Hinsicht das Gegenteil davon. Kurz gesagt, um Hoyles Einwänden – oder denen des Empedokles – zu begegnen, müssen wir genau verstehen, was das Vakuum ist.

Stellen wir uns einen Kubikmeter Luft vor. Nehmen wir an, vor uns, in unserem Arbeits- oder Esszimmer, steht ein würfelförmiger Karton mit einem Meter Seitenlänge. Wir wollen seinen Inhalt in einen Kubikmeter Vakuum verwandeln. Welche Verfahren braucht es dazu?

Zunächst müssen wir sämtliche Luft aus ihm entfernen. Dazu brauchen wir eine Saugpumpe, aber auch einen robusten Behälter für seinen Inhalt, weil der äußere Luftdruck die Pappwände eindrücken würde, wenn immer weniger Luftmoleküle im Inneren einen Gegendruck ausüben. Kein Problem: Ein schöner kubischer Behälter mit dicken Stahlwänden erfüllt unseren Zweck. Um immer weitere Luft aus dem Inneren zu entfernen, brauchen wir eine immer stärkere Pumpe. Mit heutiger Technik würden wir es nicht schaffen, die Luft vollständig bis zum allerletzten Molekül herauszusaugen. Ein gewisser Gasdruck bliebe erhalten, so gering er auch sein mag. Nehmen wir aber an, wir haben mit einem neuerfundenen System wirklich alle Luftmoleküle herausbekommen: Jetzt herrscht in unserem Kubus ein Vakuum, das reiner als das intergalaktische ist.

Wenn alle Luft verschwunden ist, was befindet sich dann noch im Kubus? Sehr viele Dinge. Unter Umständen vor allem elektromagnetische Felder. Der Stahl schirmt das Innere zwar gegen das elektromagnetische Wellenmeer ab, das uns überall umgibt, aber einige Frequenzen könnten ihn durchdringen. Wir müssen die Abschirmung folglich so verstärken, dass sie sämtliche Frequenzen um viele Größenordnungen abdämpft.

Dann müssen wir uns um die Photonen kümmern, die im Inneren durch Strahlung frei werden. Unser Behälter befindet sich in einem thermischen Gleichgewicht mit der Außenluft im Zimmer. Weil seine Wände warm sind, emittieren sie Photonen. Wir brauchen für das Ganze also eine Kühlung. Die ist sehr kompliziert, aber nehmen wir an, dass wir eine hinbekommen, auch wenn unser Versuchsaufbau damit noch komplexer wird. Wir brauchen ein großes Kühlsystem und eine Isolation, die verhindert, dass sich der Stahlkubus beim Herunterkühlen durch die Außenluft wieder aufheizt. Damit seine Wände gar keine Photonen mehr abstrahlen, müssen wir seine Temperatur bis auf -273,15 Grad Celsius – den absoluten Nullpunkt – absenken. Das ist eigentlich unmöglich. Aber gehen wir wieder davon aus, dass uns dies gelingt. Herrscht im Inneren jetzt Leere? Nicht im Traum.

Den Rauminhalt des Würfels durchdringen die kosmischen Strahlen, die ständig auf uns herabregnen, und noch dazu ein Fluss aus Neutrinos, die aus allen Richtungen eintreffen. Ihn gegen die kosmische Strahlung abzuschirmen, ist durchaus vorstellbar. Dazu müssten wir den Kubus in eine unterirdische Höhle verlegen, in der kilometerdicker Fels einen Großteil dieser Strahlung absorbiert. Bei den Neutrinos kämpften wir dabei allerdings auf verlorenem Posten. Nicht einmal die Dicke der Erde genügte, um diesen ununterbrochenen Strom aus so leichten Teilchen aufzuhalten. Stellen wir uns trotzdem vor, wir hätten eine Lösung gefunden, die bislang noch keinem Wissenschaftler eingefallen ist. Aber mit ihr wären wir leider immer noch nicht am Ziel.

Das erzeugte Vakuum wäre nach wie vor von etwas Materiellem *erfüllt*. Vor allem vom Gravitationsfeld. Die im Kubus eingeschlossene Raumzeit ist durch die Erde immer noch gekrümmt. Wenn sich ein Stabkörnchen von seiner Decke lösen würde, fiele es durch die Schwerkraft herab. Und dann ist da noch das skalare Higgs-Feld, das allen Elementarteilchen ihre Masse gibt und auch in unserem Kubus erhalten bleibt, unbeeindruckt und unbeirrbar angesichts von allem, was wir dagegen tun. Gegen dies alles können wir ihn nicht abschirmen. Aber nehmen wir wieder an, wir hätten eine Methode zur Abhilfe gefunden.

Dann würde uns freilich die schwierigste Aufgabe erwarten, die uns vollständig im Dunkeln tappen lässt. Im Rauminhalt befände sich noch Dunkle Materie, bestehend aus diesen unbekannten Teilchen, die uns überall umgeben. Und er enthielte vor allem auch noch Dunkle Energie. Wir haben nicht die leiseste Ahnung, woher diese beiden materiellen Bestandteile des Universums stammen, und können uns auch keine Methode vorstellen, wie sie sich entfernen ließen. Aber nichts hindert uns daran, davon zu träumen, dass wir doch eine gefunden und sie erfolgreich angewandt haben.

Jetzt herrscht im Würfel Leere, aber diese von uns geschaffene materielle Leere ist nicht das Nichts. Im Gegenteil, sie enthält eine Fülle von Dingen. Sie ist von einem verborgenen und stillen Treiben erfüllt.

Das Vakuum eines materiellen Systems ist als der Zustand der geringsten Energie definiert, und die liegt idealerweise bei null. Aber wenn in einem Vakuum keine Energie vorhanden ist, heißt das nicht, dass da gar nichts ist. Wie alle materiellen Zustände muss auch das Vakuum den Gesetzen der Quantenmechanik und insbesondere der Unschärferelation gehorchen. Dem Vakuum ist es verboten, dass seine mikroskopischen Zustände in der Gesamtheit *dauerhaft* die Energie null haben.

Im Vakuum treten ständig Fluktuationen auf. Für einen Augenblick – eine Zeitspanne, die mit Heisenbergs Unschärfeprinzip vereinbar ist – kann in ihm ein Teilchen-Antiteilchen-Paar auftauchen, das sofort wieder absorbiert wird. Auf mikroskopischer Ebene kocht das Vakuum, erzeugt ständig eine Art zarten Schaum, ein Chaos aus feinsten Bläschen, winzigen Portionen der Raumzeit, in denen für eine schier unendlich kurze Zeitspanne Paare aus Elektronen und Positronen oder andere Bestandteile aus Materie und Antimaterie überleben. Seine mittlere Energie liegt bei null, aber dieser Wert ergibt sich aus einer unendlichen Aufeinanderfolge von Zuständen, die vom mittleren Wert abweichen. Dank dieses Mechanismus kann sich eine winzigste Vakuumfluktuation mit Inflatonen füllen und daraus ein materielles Universum entstehen lassen.

Woher die Materie stammt

Das inflationäre Modell sieht vor, dass das Universum aus einer zufälligen Quantenfluktuation des Vakuums hervorgegangen ist. Einen der überzeugendsten Beweise zur Stützung der Theorie liefern die Präzisionsmessungen zur Geometrie der Raumzeit und zur kritischen Dichte des Universums.

Alle Daten, die mithilfe modernster Instrumente gesammelt wurden, stimmen darin überein, dass unser Universum flach ist, dass also seine innere Krümmung – mit einer minimalen Fehlermarge – praktisch bei null liegt. Die Raumzeit wird nur lokal unter der Einwirkung massereicher Himmelskörper deformiert. Die Geometrie des Universums ist die euklidische, die man in der Schule lernt: Wenn man ein Dreieck zeichnet, indem man drei Punkte durch Geraden miteinander verbindet, beträgt die Summe von dessen inneren Winkeln genau 180 Grad. Dieses Ergebnis ist keineswegs selbstverständlich, sondern nur unter der Bedingung zu haben, dass das Universum ebendie kritische Dichte hat.

Wichtig ist nochmals hervorzuheben: In der Zeit, als die Theorie der kosmischen Inflation ausformuliert wurde, war die Debatte um die Geometrie des Universums noch in vollem Gang. Nach der vorherrschenden These sollte das Universum offen und die Geometrie hyperbolisch sein, da die Summe der gewöhnlichen und der Dunklen Materie kaum an ein Drittel der kritischen Dichte heranreichte.

Erst die – völlig unerwartete – Entdeckung der Dunklen Energie konnte viele der noch bestehenden Vorbehalte gegen die neue Theorie beseitigen. Seit rund zwanzig Jahren sind wir in der Lage, zum Ursprung des Universums eine völlig neue und in vielerlei Hinsicht überraschende Darstellung zu liefern.

Dass sich das Universum im Zustand der kritischen Dichte befindet, bedeutet so viel, dass seine Gesamtenergie bei null liegt. Und dieses Ergebnis verblüfft uns. Wieso denn das? Ein Wassertropfen, der nach Einsteins Äquivalenzprinzip in Energie umgewandelt wird, entspricht einem gewaltigen Zahlenwert. Stellen wir uns dann erst den Wert vor, der herauskäme, wenn wir die Hunderte Milliarden Sterne einer einzelnen Galaxie in Energie umwandeln, den Wert mit den Hunderten Milliarden Galaxien multiplizieren und dann noch den für die Gase, den Staub und die Dunkle Materie sowie für die Dunkle Energie hinzuaddieren würden. Das gewaltige Universum, in dem wir leben, muss eine gigantische Menge an Energie enthalten, deren Wert sich nur in Zehnerpotenzen mit einem riesengroßen Exponenten ausdrücken lässt. Das ist alles richtig, aber eines wird immer vergessen: Das Universum besteht nicht nur aus Masseenergie, sondern aus einem weiteren Grundbestandteil: der Raumzeit. Aus diesen beiden Zutaten setzt sich unser Universum zusammen: aus einer großen Menge an Masseenergie, die in der gewaltigen Struktur der sogenannten Raumzeit verteilt ist.

Achtung: Die Raumzeit ist keine immaterielle Struktur und kein abstraktes Konzept, ganz im Gegenteil. So enthält zum Beispiel die uns umgebende Raumzeit Felder wie das elektromagnetische, das uns eine Telekommunikation ermöglicht, oder das Gravitationsfeld, das uns am Boden hält. Dabei ist die Raumzeit trotz ihrer extremen Starrheit eine materielle Substanz, die vibrieren, schwingen und Energie vermittels Gravitationswellen über große Entfernungen übertragen kann.

Allgemeiner betrachtet, spielt die Raumzeit in der Energiebilanz des Gesamtuniversums eine entscheidende Rolle. Weil sie durch eine lokal vorhandene Konzentration von Masseenergie deformiert wird und dadurch die gravitative Anziehung zwischen den Körpern verursacht, müssen wir sie uns so vorstellen, dass sie eine bestimmte Form von Energie enthält, nämlich die Bindungsenergie, die zwei sich anziehende Körper zusammenhält.

Wie wir sahen, müssen wir einen Körper auf eine Geschwindigkeit von 11 km/s beschleunigen, um ihn dem Klammergriff der Erde zu entreißen. Die kinetische Energie, die der Körper benötigt, damit er in den tiefen Weltraum gelangt, entspricht eben seiner Bindungsenergie, und die ist immer negativ: Bildet man aus beiden

Energien die Summe, ergibt sich für den Körper eine Gesamtenergie null. Dadurch kann er bis in die Entfernung fliegen, in der er keiner Erdanziehung mehr ausgesetzt ist. Und bis dorthin gelangt er mit einer Geschwindigkeit, die allmählich bis zum völligen Stillstand abnimmt.

Jedem Paar von Himmelskörpern, die im Universum verteilt sind, entspricht eine bestimmte Bindungsenergie. Da alles von allem angezogen wird, hat die Summe aller Energien, welche die Sterne, Galaxien und Galaxienhaufen zusammenhalten, einen gigantischen negativen Wert. Und wenn wir die Energie für den Staub, das Gas und die Dunkle Materie hinzurechnen, steigt dieser negative Wert immer weiter an. Zählen wir nun die beiden soeben erhaltenen gigantischen Zahlen – eine negative und eine positive – zusammen, kommt ein überraschendes Ergebnis heraus: Die Gesamtenergie des Universums ist null.

Die positive Energie der Masseenergie und die – in der Raumzeit enthaltene – negative Energie des Gravitationsfeldes heben sich gegenseitig dann auf, wenn das Universum flach ist. Damit liegt die Dichte des Universums beim kritischen Wert. Ein Universum dieser Art kann sich endlos weiter ausdehnen und ewig währen, weil seine Bewegung keinerlei Energieaufwand erfordert. Es verhält sich wie ein Seiltänzer, der leichtfüßig und behände über einen dünnen Draht balanciert. All dies kann offensichtlich kein Zufall sein. Hinter diesem scheinbaren Paradox verbirgt sich ein grundlegenderes Faktum.

Die Energie des Universums liegt bei null, wie auch seine Gesamtladung oder sein Drehmoment insgesamt bei null liegen. Für jede Gruppe von Galaxien, die sich in eine bestimmte Richtung drehen, gibt es eine gleichwertige mit Bestandteilen, die in Gegenrichtung rotieren. Kurzum, die physikalischen Eigenschaften des Systems Universum, die sogenannten Quantenzahlen, liegen alle bei null, exakt wie die des Systems *Vakuum*. Daraus ergibt sich unausweichlich der Schluss: Auch das Universum ist ein solches System. Aus physikalischer Sicht sind beide nicht zu unterscheiden.

Diese Schlussfolgerung ist für uns deswegen schwer zu akzeptieren, weil wir an das Leben in einem System gewohnt sind, das von materiellen Objekten *erfüllt* erscheint: Da ist unser Haus, da sind die Berge, die Erde, die Sonne, die Sterne und die Galaxien. Alles, auch unser Körper, scheint dafürzusprechen: Im Universum wimmelt es von materiellen Strukturen, ja es ist selbst eine gigantische materielle Struktur. Und nun sagt uns die gegenwärtige Physik: Achtung, das ist eine Illusion, eines der vielen Vorurteile, die uns so lange begleitet haben, bis wir den Fragen auf den Grund gingen.

Betrachtet man die Angelegenheit von einem strengeren Standpunkt aus, erweist sich unser Universum immer noch als eine Form von Vakuum, und diese Entdeckung verändert radikal die Frage nach seinem Ursprung. Damit ein Objekt mit einer Energie gleich null entsteht, braucht es keine gewaltige Energiequelle, die seine Entstehung erklärt. Diese kann sich ebendeshalb spontan vollziehen, weil sie keinerlei Energieaufwand erfordert. Der Urknall war die tosende Verwandlung eines bestimmten Vakuumzustands in einen anderen, ihm äquivalenten: eine gewaltige Metamorphose, die, ohne Energie zu erfordern, von selbst eintreten und sich über Milliarden Jahre fortsetzen kann. Alles ist zufällig geschehen, unter Berücksichtigung einer einzigen Einschränkung: Alles muss den Gesetzen der Physik folgen, die das Verhalten aller materiellen Körper und auch des Vakuumzustands regeln.

Die moderne Wissenschaft hat sich inzwischen aus der Falle des Bahamut befreit. Unser materielles Universum ist dank einer der unzähligen Quantenfluktuationen, die charakteristischerweise in ihm stattfinden, dem Vakuum entsprungen. Ein mikroskopisches Bläschen hat einen spektakulären Entwicklungsweg eingeschlagen, der so absonderlich war, dass wir uns über viele Jahre täuschen ließen: Wir dachten an eine uranfängliche Singularität, deren Dynamik wir nicht nachvollziehen konnten.

Heute wissen wir, dass es weitaus einfacher war. Der Teig aus Masseenergie und Raumzeit kann auf natürliche Weise, spontan und rein zufällig aufgehen, weil sich die beiden Größen aus Sicht der Energie ergänzen. Die notwendige Energie, um Masseenergie aus dem Nichts zu erschaffen, ist identisch mit der negativen Energie, die die Raumzeit durchwirkt. Bringt man Raumzeit und Masseenergie zusammen, braucht es keine Energie mehr, die man sich von irgendwoher borgen muss.

Eine Ahnung von diesen Zusammenhängen hatten wohl schon die großen griechischen Gelehrten. Man widersteht nur schwer der Versuchung, die Verse Hesiods, laut denen alles aus dem Chaos als einem endlosen Strudel, einem leeren Raum, hervorgegangen sei, aus heutiger Sicht zu deuten. Oder auch die Worte Platons im *Timaios:* «Die Zeit entstand also mit dem Himmel, damit, sollte je eine Auflösung stattfinden, sie als zugleich erzeugt, zugleich [auch] aufgelöst würden.»

Welches Ende die Materie nimmt

Der Anfang des Universums, der Zündfunke von allem, hat dem Gegenpart, seinem Ende, bislang ganz die Show gestohlen. Wie aber vollzieht sich der letzte Akt in diesem glanzvollen Schauspiel, das mit den Sternen, Planeten, Galaxien, Neutronensternen, Pulsaren und Schwarzen Löchern besetzt ist?

Die Diskussion über das Ende des materiellen Kosmos ist ebenso faszinierend wie die über seinen Anfang, auch wenn sie Besorgnisse wecken mag. Schließen wir zunächst einige Hypothesen aus, die noch bis vor wenigen Jahrzehnten Konjunktur hatten. Wie erwähnt, wurde die Möglichkeit eines zyklischen Universums, in dem sich Big Bangs und Big Crunchs abwechseln, inzwischen aufgegeben. Seit der Entdeckung der Dunklen Energie wissen wir, dass es in unserer Zukunft keinen großen Kollaps geben wird.

Heute bestehen keine Zweifel mehr: Das Universum dehnt sich mit wachsender Geschwindigkeit aus. Zwar werden einige Galaxien miteinander kollidieren und vielleicht verschmelzen, wie es wahrscheinlich mit unserer Milchstraße und der Andromedagalaxie geschieht. Aber das Universum als Ganzes strebt offenkundig einer immer stärkeren Ausdünnung entgegen. Auch wenn Vorhersagen über eine Zeitskala von zig Milliarden Jahren schwierig sind, strebt alles von allem immer weiter auseinander, wenn sich die gegenwärtige Entwicklung fortsetzt.

In einem ultradünnen Kosmos sind die Entfernungen zwischen den Materieansammlungen zu groß, als dass in ihm noch leuchtende Sterne entstehen könnten. Wenn eine Generation von Sternen ihren Lebenszyklus beendet hat, wird ihr keine neue nachfolgen. Das gesamte Universum wird zu einem uferlosen stellaren Friedhof, einer finsteren und kalten Weite, die von braunen Zwergen, Neutronensternen und Schwarzen Löchern durchsetzt ist. Bei diesem sogenannten *thermischen Tod* wird gleichsam alles Leben auf Eis gelegt, weshalb er im Englischen denn auch *The Big Freeze,* «das große Einfrieren», heißt.

Das Universum und seine Materie leben wohlgemerkt noch zig Milliarden Jahre weiter. Nur dass in dieser kalten und finsteren Umgebung jede Dynamik fehlt, um Voraussetzungen wie die zu erschaffen, denen wir unsere Heimat im Kosmos verdanken: ein stabiles Sonnensystem, ein gemäßigt warmer, bewohnbarer Planet und genügend Energie, damit komplexe Moleküle wie die biologischen entstehen und sich weiterentwickeln können.

Was die Dunkle Energie betrifft, so wissen wir zwar, wie sie sich auswirkt, haben von ihrem Ursprung und ihren Eigenschaften aber keinerlei Ahnung. Dazu, wie sie sich über lange Zeitskalen weiterentwickelt, sind allenfalls Vermutungen möglich. Sollte sich beispielsweise die Expansion des Universums exponentiell beschleunigen, könnten sogar Risse im Gewebe der Raumzeit entstehen. Auch wenn die Vorstellung immer noch schwerfällt, dass es sich bei ihr um etwas Materielles handelt, das zerreißen kann, ist diese Möglichkeit keineswegs auszuschließen.

Die Raumzeit ist eine extrem starre, aber nicht unzerstörbare Struktur. Der große Riss hätte allumfassende katastrophale Folgen. Stellen wir uns nur vor, was mit den gravitativen Bindungen zwischen den Sternen und Galaxien geschähe. Was würde mit den anderen Wechselwirkungen passieren, welche die Materie auf mikroskopischer Ebene zusammenhalten? Nach einer Vermutung würden durch dieses Zerreißen am Ende sämtliche materiellen Formen auseinanderfallen: Sogar die Protonen und Neutronen zerfielen, ganz zu schweigen von den Atomen und Molekülen. Das Universum würde sich wieder in eine gewaltige Ausdehnung zurückverwandeln, in der die Elementarteilchen, unfähig zu jedweder Bindung, völlig isoliert voneinander herumschwirrten – ähnlich dem Kosmos in seinen ersten Augenblicken, allerdings unendlich viel größer, älter und kälter.

Manche sehen das Szenario des thermischen Todes so, dass im Universum Schwarze Löcher entstehen könnten, die so gigantisch sind, dass sie es sein werden, die die Raumzeit zerreißen. Aber auch dies ist eine schwer zu überprüfende Spekulation.

Alternativ zu diesem tristen und ziemlich deprimierenden Szenario gibt es eine neuere Hypothese: Demnach könnte dem Universum irgendwann die sogenannte *Vakuumkatastrophe* oder der *Vakuumzerfall* drohen.

Mit der Entdeckung des Higgs-Bosons stellte sich das Problem, wie stabil dieser so wichtige Mechanismus ist, der den Elementarteilchen Masse gibt und es der Materie ermöglicht, sich zu dauerhaften Formen zu organisieren. Sobald es gelungen war, die Masse des neuen Teilchens zu messen, konnten die Eigenschaften seines so besonderen Feldes untersucht werden. Das Ergebnis hielt einige Überraschungen bereit. Am bedeutendsten war die Feststellung, dass es sich in einem metastabilen Zustand befindet. Dies mag uninteressant oder sogar belanglos erscheinen, ist tatsächlich aber bedeutsam und vielleicht sogar beunruhigend. Das mit dem Higgs-Boson verbundene seltsame Potenzial gelangte in den allerersten Augenblicken des Universums in einen besonderen Gleichgewichtszustand, in dem es nun seit 13,8 Milliarden Jahren ruht. Die Antwort auf die Frage, ob diese Position absolut stabil ist, fiel anders als erwartet aus. Dass sich das System seit Milliarden Jahren hält, sprach für absolut stabile Verhältnisse, für ein delikates Gleichgewicht, so gut ausgeklügelt, dass es wie in einem friedlichen

Schlummer noch viele Milliarden Jahre Bestand haben würde. Die Realität ist eine andere. Es ist eben metastabil, kann also gestört werden und kippen. Es ist also keineswegs ausgemacht, dass der jetzige Zustand immer und ewig währt.

Anders formuliert, dieses feinste Gerüst, das den Elementarteilchen die Masse gibt, könnte jäh in sich zusammenbrechen. Wenn es so weit käme, hätte dies katastrophale Folgen: Alle Bindungen würden reißen, worauf sich die organisierte Materie – Sterne, Planeten, kurzum alles, auch wir – im Nu in reine Energie auflösen würde. Manche vermuten, dass sich eine ungeheuer große Blase mit Lichtgeschwindigkeit ausbreiten würde. Andere meinen, dass die Katastrophe schlagartig gleich über das gesamte Universum hereinbräche. Als einziger Trost – sofern davon die Rede sein kann – würde das Universum wenigstens in einer gewaltigen Hitze und besonders spektakulär untergehen, in gewisser Hinsicht in einem gegenteiligen Szenario zu dem des thermischen Todes, der es zu Kälte und Finsternis verdammt. Achtung: Das Universum würde aber als ein dünnes Plasma aus Teilchen noch für Milliarden Jahre weiterexistieren, wenn auch in einer völlig anderen Form als in der heutigen.

Unter welchen Voraussetzungen könnte sich diese Katastrophe ereignen? Wie die Forschungen uns sagen, könnte das elektroschwache Vakuum unter dem Stoß einer gewaltigen Menge an Energie zusammenbrechen, mit Werten, wie wir sie auf der Erde nicht annähernd erzeugen können. Zum Glück, sonst käme sicherlich jemand auf die Idee, auf dieser Grundlage eine alles vernichtende Bombe zu konstruieren. Dass solche Energien für uns unerreichbar sind, sollte uns freilich nicht allzu sehr in Sicherheit wiegen. Allzu oft schon hat uns die Natur mit ihren Phänomenen überrascht – so zum Beispiel mit der Kollision zweier Schwarzer Löcher, dank denen Gravitationswellen aufgespürt werden konnten. Und so kann denn auch niemand ausschließen, dass in einer fernen Galaxie irgendwo im Verborgenen durch unbekannte Mechanismen Energien freigesetzt werden, die so gewaltig sind, dass sie das elektroschwache Vakuum zerfetzen oder es zerschmelzen lassen. Wenn es aus der friedlichen Gleichgewichtsposition gestoßen würde, in der es seit 13,8 Milliarden Jahren ruht, verwandelte es sich in ein reines Vakuum zurück und könnte nicht mehr seine wesentliche Funktion beim Aufbau der Art von Materie erfüllen, die uns so lieb und teuer ist und aus der wir selbst bestehen.

Kurzum: Ob man sich den thermischen Tod nach den verschiedenen beschriebenen Szenarien oder die Vakuumkatastrophe vorstellt: Es sieht nicht gut aus für uns Menschen, falls es unsere Spezies noch gibt, wenn eines dieser Ereignisse eintritt.

In den letzten fünfzig Jahren wurden unterschiedliche Theorien entwickelt, die von der Existenz einer gewaltigen Anzahl verschiedener Universen ausgehen. Wenn eine davon richtig wäre, würden nach dem Untergang unseres Kosmos wenigstens die anderen weiterexistieren. Ich befürchte allerdings, dass wir derzeit auf diesen schwachen Trost verzichten müssen: Dass es dieses sogenannte *Multiversum* gibt, ist reinste Spekulation.

9.

Die wunderbare Illusion

Seine Werke erkennt man auf Anhieb an den verwendeten Materialien und der enormen Rohheit, mit der er sie in Szene setzt. Ob Sackleinen, angebranntes Plastik oder rissige Kreide, die Technik spielt immer eine zentrale Rolle: Alberto Burri ist ein Meister der «Materialmalerei».

Als einer der bedeutendsten Künstler der zweiten Hälfte des 20. Jahrhunderts gestaltete er seine Werke, indem er verschiedene Materialien zerriss, versengte oder sie mitunter auf neuartige Weise kombinierte. In dieser brutalen Technik sahen manche Anspielungen auf Wunden, gemartertes Fleisch oder den schmerz- und angsterfüllten Aufschrei einer Menschheit, die die Schrecken des Krieges erlebt hatte und sich nun mit einem drohenden nuklearen Holocaust konfrontiert sah.

Diese Deutung lässt sich an den Lebenserfahrungen des Chirurgen Burri festmachen, der im Zweiten Weltkrieg bei den italienischen Besatzungstruppen in Afrika als medizinischer Offizier gedient hatte: als überzeugter Faschist, der bei den Schwarzhemden mitmarschiert war, und als glühender Anhänger Mussolinis. Wie viele Italiener glaubte er damals fest daran, dass der Duce Italien zu imperialer Größe zurückführen könne. Er war so überzeugt davon, dass er sich schon 1935 den Besatzungstruppen in Äthiopien angeschlossen hatte.

Im März 1943 gehört Burri mit achtundzwanzig Jahren Mussolinis X. Bataillon an und wird mit seiner Lebensgefährtin als Feldarzt nach Nordafrika entsandt, um im Kampf gegen die Engländer zu dienen. Aber bei Tunis gerät er schon am 8. Mai in Gefangenschaft und wird mit rund tausend weiteren italienischen Kriegsgefangenen in die Vereinigten Staaten verschickt.

In Hereford bei Amarillo in Texas kommt er in ein Lager, in dem über fünftausend Italiener interniert sind. Die Lage ist schwierig, aber noch erträglich. Nach Inkrafttreten des Waffenstillstands im September 1943 wird sie komplizierter. Im Frühjahr 1944 haben die Gefangenen die Wahl: sich von Mussolini zu distanzieren und sich der neuen Regierung Badoglio anzuschließen oder als unverbesserliche Faschisten zu gelten. Die Erstgenannten werden als freie Männer nach Italien zurückgeschickt, um gemeinsam mit den alliierten Truppen zu kämpfen. Die Übrigen bleiben unter zunehmend harten Bedingungen in Gewahrsam. Burri gehört zu diesen Gefangenen, die einem besonders strengen Regiment unterworfen werden, in dem Hunger und Übergriffe an der Tagesordnung sind. In dieser Zeit beginnt er zu malen.

Später erinnert er sich so an seine Anfänge: «Ich habe den ganzen Tag gemalt. Es war eine Ablenkung, um alles um mich herum und den Krieg zu vergessen. Ich habe nur noch gemalt, bis zur Freilassung. In den Jahren wurde mir klar, dass ich als Maler arbeiten ‹musste›.»

Und tatsächlich: Nach Kriegsende und seiner Rückkehr nach Italien 1946 gibt Burri den Arztberuf auf und widmet sich ganz der Malerei. Eine Suche beginnt, die ihn vom Einsatz von Ölfarben zur Verarbeitung von Papier, Karton, Jutesäcken, Teer, Holz, Plastik und Eisenschrott führt. Dies sind nur einige der Materialien, die er nutzt, indem er sie häufig mit Farbe kombiniert. Er trifft eine Auswahl und stellt verschiedene Materialien zusammen, zerreißt sie, zerstört ihre Struktur, kombiniert sie neu oder brennt sie an. Seine Werke zeigen überall Verschweißungen, Nähte und verdrehte Strukturen. Schon am Ende der Vierzigerjahre vollzieht Burri in völliger Isolation einen radikalen Bruch mit den traditionellen Ausdrucksformen der Malerei, der damals schwer zu akzeptieren ist. Erst Jahrzehnte später erkennt ihn die ganze Welt als einen der bedeutendsten Künstler des 20. Jahrhunderts an.

Selbst wenn die traumatischen Kriegserfahrungen in seinen Werken sicher eine bedeutende Rolle spielen, teile ich die Ansicht derjenigen, für die eine Deutung, die alles darauf zurückführt, eher zu kurz greift. Die Arbeiten des Meisters der «Materialmalerei» berühren in ihren Aussagen etwas Tieferes.

Kunstwerke entfalten ihre Bedeutung häufig erst in den Augen des Betrachters, in einem Dialog, der sich zwischen der Empfindsamkeit des Künstlers und den Erfahrungen und dem Denken derer entspinnt, die sie auf sich wirken lassen. Als Burri in den Sechzigerjahren Plastik mit dem Schweißbrenner in eine durchlöcherte Masse mit verklumpten Filamenten verwandelte, hätte er sich sicherlich nicht vorgestellt, wie diese Strukturen auf einen Betrachter Jahrzehnte später wirken würden: Mich erinnern sie an das Spinnennetz der Dunklen Materie, das den Kosmos durchzieht. In Burris Werk habe ich immer den Versuch gesehen, dem Formlosen eine Gestalt zu geben, das Streben der Materie darzustellen, sich selbst zu organisieren und einen Sinn anzunehmen. Neben dem existentiellen Drama habe ich in ihm stets einen weitergefassten Diskurs wahrgenommen, der uns alle betrifft: wie Wunden zu etwas Ästhetischem verheilen. In diesem Fall die künstlerische Suche nach der Schönheit in der übermenschlichen Anstrengung der Materie, sich zu etwas radikal Neuem und für alle Kostbarem zu organisieren.

Die große Begeisterung für den mechanistischen Materialismus

Burris «Materialmalerei» wirft ein Licht auf das 20. Jahrhundert, in dem die Wissenschaft mit ihrem unaufhaltsamen Fortschritt mittlerweile das Zentrum der Bühne besetzt. Der Einfluss, den die wissenschaftlichen Entdeckungen auf die bedeutendsten Künstler dieses Jahrhunderts ausübten, ist gut dokumentiert. Dabei sind die bildenden Künste nur ein Beispiel für einen allgemeineren Paradigmenwechsel, der sämtliche geistigen Bereiche geprägt und beeinflusst hat: vom Theater bis zur Literatur, von der Psychoanalyse bis zur Philosophie.

Im zurückliegenden Jahrhundert haben die Materialisten ihren jahrtausendealten Streit mit den Idealisten offenbar endgültig für sich entschieden. Die Grundlagen für diesen Erfolg hatten ein Jahrhundert zuvor die beiden großen Denker Charles Darwin und Karl Marx gelegt. Beide hoben in ihrem jeweiligen Ansatz die Bedeutung der materiellen Prozesse hervor, wenn auch in ganz unterschiedlichen Bereichen.

Darwin betonte die materiellen Abläufe, die der Evolution der Spezies im Tier- und Pflanzenreich zugrunde liegen. Unsere biologische Natur, unser Körper und unsere Sinne, die Art, wie wir gehen, reden oder mit unseresgleichen interagieren, sind das Ergebnis einer langen Entwicklungsgeschichte, in der genetische Grundlagen und materielle Einflüsse durch die Umwelt zusammenspielten. Wie wir heute wissen, verlief diese Entwicklung keineswegs gradlinig, sondern war durch Irrwege, Sackgassen, Unzulänglichkeiten und Rückschritte gekennzeichnet. Aber der grundlegende Mechanismus steht heute ganz außerfrage.

Marx führt die Entwicklung des Denkens und der Organisation der einzelnen Gesellschaften auf die materiellen Bedingungen zurück, unter denen sich die Menschen zusammenschließen, um die Produkte ihres Bedarfs zu produzieren. Anthropologische Forschungen und tiefgehende Untersuchungen zu den Epochen der Geschichte und zu den Weltregionen haben gezeigt, dass sich Gesellschaften in einer unüberschaubaren Vielfalt organisieren, sodass wir ihre Entwicklung heute weniger mechanistisch und deutlich differenzierter betrachten. Aber eine Grundwahrheit bleibt. Mit seiner Betrachtungsweise hat Marx der Menschheit einen bewussteren Blick auf die eigene soziale Ordnung ermöglicht und damit einigen der gewaltigsten gesellschaftlichen Umbrüche in der Geschichte den Weg geebnet.

All dies hat den Boden für einen Materialismus bereitet, der mit dem rasanten Erkenntnisfortschritt ins Kraut zu schießen beginnt. Berauscht von den wissenschaftlichen Erfolgen, verherrlichen seine Anhänger zu Ende des 19. Jahrhunderts kritiklos das Materielle an sich, feiern den Mythos einer als ewig und unendlich geltenden Materie und singen ein Loblied auf eine dauerhaft beständige Natur, die aus sich selbst hervorgegangen sei und die unzerstörbare und unveränderliche Gesetze in sich trage, die das Universum regierten. Und nach denen müsse sich auch der Mensch in seinen Entscheidungen richten, weil er ja selbst wie alles andere ein Teil der Natur sei.

In ihren Allmachtsfantasien erheben die Verfechter des positivistischen Mechanizismus die wissenschaftliche Erkenntnis zum alleinigen Wissen, das diesen Namen verdiene. Kunst, Religion, Literatur und Philosophie hätten dazu nichts mehr beizutragen. Da sie den Träumen ähnelten, ließen sich aus ihnen bestenfalls ästhetische Genüsse ziehen. Viele sehen fast schon die Zeit gekommen, in der sämtliche Probleme, auch die der Menschen und ihrer Beziehungen zueinander, von der Wissenschaft gelöst würden. Sie werde uns sagen, was richtig oder falsch und was schön oder hässlich ist.

Diese Fantasien sind wie ein Echo auf berühmt gewordene Sätze des großen französischen Physikers und Mathematikers Pierre-Simon de Laplace. Sie stammen aus einer Schrift von 1812, die vielfach als ein Manifest des mechanistischen Determinismus gilt: «Wir müssen daher den gegenwärtigen Zustand des Weltalls als die Wirkung seines vorherigen und als die Ursache des noch folgenden Zustands betrachten. Gäbe es einen Verstand, der für einen Augenblick alle in der Natur wirkenden Kräfte sowie die gegenseitige Lage der sie zusammensetzenden Elemente kennen würde und zugleich in der Lage wäre, diese Daten der Analysis zu unterwerfen, so würde ein solcher die Bewegungen der größten Weltkörper und des kleinsten Atoms durch ein und dieselbe Formel ausdrücken. Nichts wäre ihm ungewiss und die Zukunft und die Vergangenheit würde offen vor ihm liegen.»

Die materialistisch-mechanistische Weltanschauung reduziert alles Seiende auf vier Entitäten: Materie, Kräfte, Raum und Zeit.

Dabei sind Raum und Zeit abstrakte Behälter, unveränderlich und völlig unabhängig von den Geschehnissen und physikalischen Prozessen, die in ihrem Inneren stattfinden. Und diese lassen sich allein mit den universellen mathematischen Gesetzen der Mechanik erklären.

Diese mechanistische Sichtweise des Kosmos gewinnt gegen Ende des 19. Jahrhunderts die Oberhand. Angesichts der so bedeutenden Fortschritte in der Chemie, der Thermodynamik, der Mechanik und zahlreichen weiteren Wissenschaften kann scheinbar nichts mehr der Vorstellung entgegentreten, dass sich die gesamte Welt wie eine große Maschine verhält.

Diese Überzeugung, die mit einem grenzenlosen Vertrauen in die Zukunft einhergeht, wird schon bald durch die Ereignisse, die Europa in den Abgrund reißen, erschüttert. Angesichts der Gemetzel des Ersten Weltkrieges lösen sich die Euphorie der Belle Époque und die Hoffnungen auf eine Welt, die von Fortschritt und Wissen erhellt wird, schlagartig in Luft auf. Die zahllosen Tragödien während des Konflikts und in der Folgezeit graben der Idee, dass sich die Menschheit auf einem Entwicklungspfad befinde, auf dem sie sich von Wissenschaft und Vernunft leiten ließe, für immer das Wasser ab.

Kurioserweise legte gerade in den Jahren, in denen die Intellektuellen und die öffentliche Meinung den Sieg des materialistischen Mechanizismus feierten, eine Gruppe visionärer Wissenschaftler unbeabsichtigt die Fundamente für eine neue Konzeption der Materie, die ebendiesem Weltbild zuwiderlief. Sie war so ungewöhnlich und revolutionär, dass sie die mechanistische schließlich ins Abseits befördern sollte. Mit der Geburt der Relativitätstheorie und der Quantenmechanik geriet ausgerechnet im Zentrum der modernsten wissenschaftlichen Forschung das vorherrschend gewordene materialistisch-deterministische Modell in die radikalste Kritik. Derweil hatte in Russland die Oktoberrevolution dem Materialismus zum absoluten Triumph verholfen und ihn zur Staatsideologie erhoben.

Der staatlich verordnete Materialismus

Im philosophischen Werk Wladimir Iljitsch Uljanows alias Lenin bedeutete der Sieg der russischen Revolution den klarsten Beweis für die Überlegenheit des Materialismus gegenüber dem Idealismus. Beide geistigen Strömungen hatten über Jahrtausende konkurriert und sich bekämpft, aber jetzt konnte niemand mehr Zweifel haben. Die Einführung der Diktatur des Proletariats durch die Bolschewiki machte nicht nur den Weg für Institutionen frei, über welche die Klasse der Ausgebeuteten und Unterdrückten die Macht ausüben würde. Sie verkörperte zugleich den Erfolg einer neuen Weltanschauung, die der Materie ihren gebührenden zentralen Platz zubilligte und alle anderen Denkweisen ins Reich von Aberglauben und Betrug verwies.

Damit stieg der Materialismus in Sowjetrussland zur Staatsideologie auf. Er wurde Millionen jungen Menschen verkündet, an den führenden Universitäten gelehrt und in allen Bereichen verbreitet, von der Erziehung bis zu Kunst und Kultur im weitesten Sinn.

Als Josef Wissarionowitsch Dschugaschwili alias Stalin die Parteiführung übernahm, trieb er die Indoktrinierung noch systematischer und konsequenter voran, sofern dies überhaupt noch möglich war. Eine vom Zentralkomitee eingerichtete Abteilung kümmerte sich um die ideologischen, kulturellen und philosophischen Belange. Sämtliche literarischen Werke, Ballettaufführungen, Symphonien, Filmproduktionen sowie alle anderen künstlerischen und wissenschaftlichen Aktivitäten wurden bis ins Kleinste daraufhin überprüft, ob sie mit der allgemeinen philosophischen Positionierung der Partei in Einklang standen. Wer von der Linie abwich, ging gewaltige Risiken ein, auch das der Deportation oder Erschießung.

Die sichtbarste Figur dieses Überwachungswahns war Andrei Alexandrowitsch Schdanow, von Stalin persönlich zum Chef der Einrichtung ernannt, welche die Übereinstimmung der sowjetischen Kulturpolitik mit den Prinzipien des Materialismus sicherzustellen hatte. Künstler, Wissenschaftler und Intellektuelle mussten ihre Werke an die Parteilinie angleichen. Unter Schdanow nahm die Überwachung so paranoide Züge an, dass selbst wissenschaftliche Gesetze ins Visier gerieten. Der Primat der Partei auf ideologischem und kulturellem Gebiet kannte weder Grenzen noch Rücksichten.

Die Urknalltheorie, die Quantenmechanik und die Relativitätstheorie wurden zu den wichtigsten Zielscheiben einer Kampagne, um die moderne Wissenschaft zu delegitimieren.

Ende der Vierzigerjahre beschloss Schdanow, eine Schlacht zu entfesseln, um die Forschung von Ideen zu säubern, die als bürgerlich, verlogen oder illusionär galten. Kein Fachbereich blieb verschont. Das Richtbeil des obersten Hüters der sowjetischen Orthodoxie schlug gnadenlos auch in der Physik und der Kosmologie zu.

Dabei bestritt Schdanow allerdings nicht grundsätzlich die Inhalte der neuen Disziplinen. Diese wurden vielmehr an sämtlichen Universitäten in Sowjetrussland studiert und weiterentwickelt. Nicht zufällig gingen aus der Generation der Physiker in der Stalinära besonders viele exzellente Wissenschaftler hervor: Pjotr Kapiza, Igor Tamm, Lew Landau, Pawel Tscherenkow, um nur einige der zahlreichen Nobelpreisträger des Fachs zu nennen, und nicht zu vergessen Andrei Sacharow sowie Bruno Pontecorvo, der jüngste der sogenannten *ragazzi di via Panisperna*; er war als überzeugter Kommunist nach Russland übergesiedelt.

Schdanows ideologischer Furor zielte vor allem auf die philosophischen Deutungen der neuen Theorien, wobei er im Eifer des Gefechts aber unvermeidlich auch einen bedeutenden Teil ihrer wissenschaftlichen Inhalte niedermachte.

In Dokumenten von 1947 lesen sich Sätze wie: «Die moderne bürgerliche Wissenschaft liefert dem Klerikalismus, dem Fideismus neue Argumentationen [...]. Ihre kantianischen Verirrungen verleiten die bürgerlichen modernen Atomphysiker zu Schlussfolgerungen über den freien Willen des Elektrons, zu Versuchen, die

Materie nur als eine bestimmte Menge an Wellen darzustellen, sowie zu anderem Teufelszeug.»

Die Unschärferelation wurde zum Gegenstand heftiger Angriffe, weil sie als Kernstück idealistischer Visionen Bohrs und Heisenbergs galt. Als besonders gefährlich wurde die Vorstellung erachtet, dass «der Genauigkeit unserer Messungen Grenzen gesetzt» seien, «die von keinem realen Gerät überwunden werden können, Grenzen, die von den Eigenschaften des untersuchten Objekts abhängen, die sich von den Eigenschaften des Materiepunkts der klassischen Mechanik unterscheiden».

Die wütendsten Attacken richteten sich gegen die Lehre vom Urknall. Die Vorstellung eines endlichen, in Expansion befindlichen Universums sei ein «Krebsgeschwür, das die moderne Astronomie zerfrisst, und [...] die ideologische Hauptfeindin der materialistischen Wissenschaft. [...] Von der Allgemeinen Relativitätstheorie allein lässt sich keine korrekte Kosmologie ableiten.» Die Urknalltheorie wurde zu einer pseudowissenschaftlichen und idealistischen Lehre abgestempelt, weil die dargelegte Entstehung des Universums nur allzu sehr der biblischen *Genesis* ähnele. Und dass sie noch dazu von Georges Lemaître ausging, der nicht nur Physiker und Kosmologe, sondern auch jesuitischer Priester war, verschärfte das Misstrauen der fest im Sattel sitzenden Stalinisten. Die Rotverschiebung der Galaxien, ein untrügliches Zeichen ihres Auseinanderdriftens, sei eine bloße Ausrede. «Die reaktionären Wissenschaftler Lemaître, Milne und andere nutzen die *red shift,* um bei der Struktur des Universums verstärkt religiöse Zugeständnisse zu machen. Die Wissenschaftsfälscher wollen das Märchen vom Ursprung der Welt aus dem Nichts wiederaufleben lassen.»

Was kümmerte es, dass die Theorie in dieser Zeit dank George Gamow, einem notorischen und noch dazu russischstämmigen Atheisten, die Züge eines echten physikalischen Modells des Uruniversums gewann. Dieser Mitbegründer der Urknalltheorie war allerdings aus der Sowjetunion in die Vereinigten Staaten geflohen – ein unverzeihlicher Fehler. Da sie von einem amerikanisierten Abtrünnigen stammte, bekam Gamows Forschung zwangsläufig das Etikett der Unwissenschaftlichkeit aufgeklebt.

Es war die Zeit des Kalten Krieges: In der Sowjetunion herrschte die alptraumhafte Angst vor einem Angriff durch die Vereinigten Staaten, die damals als einziger Staat Kernwaffen besaßen. Eine eigene Atombombe zu entwickeln, bekam in der sowjetischen Forschung oberste Priorität.

Nach Schdanows und Stalins Tod verlor im Laufe der Jahre die Kritik an den bedeutendsten russischen Wissenschaftlern, die mit der Relativitätstheorie und der Quantenmechanik bestens vertraut waren, schließlich erheblich an Schärfe. Und als diese zeigten, dass sie ihre Kenntnisse auch sehr gut in den Dienst der Zwecke stellen konnten, die von der Partei als vorrangig ausgegeben wurden, waren die Zwistigkeiten rasch vergessen. Am 29. August 1949 explodierte auf dem Atomwaffentestgelände Semipalatinsk in Kasachstan die erste sowjetische Plutoniumbombe.

Der moderne Materialismus

Die Physik des 20. Jahrhunderts widersteht endgültig jeder Versuchung, die Welt auf eine plump realistische oder materialistisch-mechanistische Weise zu erklären. Die neuen Phänomene, die sich mithilfe der Quantenmechanik und der Relativitätstheorie erforschen lassen, verschieben die Koordinaten des Materialismus auf radikale Weise. Die moderne Wissenschaft führt das Universum in seiner Gesamtheit, einschließlich der Raumzeit, zwar immer noch auf materielle Formen zurück, jetzt aber auf der Basis einer neuen Konzeption der Materie, die sich von der traditionellen grundlegend unterscheidet.

Die Vorstellung von einem Raum und einer Zeit als ewigen und unveränderlichen Behältern, durch die sich beständige materielle Gebilde bewegen, wird vollständig abgeräumt. Die Raumzeit ist zusammen mit der Masseenergie entstanden, und beide Bestandteile des Universums haben eine Entwicklung durchlaufen, die durch zahlreiche Transformationen und wahrhaftige Katastrophen gekennzeichnet war. Feinste Unterschiede, scheinbar bedeutungslose Einzelheiten haben durch ihre Effekte die gesamte nachfolgende Geschichte entscheidend geprägt.

Wäre die inflationäre Phase nur etwas länger verlaufen, das Higgs-Boson nur ein wenig leichter gewesen, hätte dieses Teilchen mit den leichtesten Quarks oder den Elektronen nur etwas stärker wechselgewirkt oder wäre der Massenunterschied zwischen Proton und Neutron ein anderer gewesen, dann wären weder Sterne noch Planeten entstanden. Und es gäbe auch keine menschliche Spezies, die über sich selbst nachdenkt und sich die Welt zu erklären versucht.

Unser Universum hat eine zufallsbedingte und chaotische Entstehung und Entwicklung hinter sich, in der sich am Rand des Abgrunds quasistabile Gleichgewichte eingependelt haben. Obwohl es den Eindruck von Solidität und Dauerhaftigkeit erweckt, beherbergt es materielle Formen, die wechselhafter und flüchtiger sind, als es sich der menschliche Geist vorzustellen vermag.

Hinter all diesen Abläufen wirken physikalische Prinzipien, die wir nur schwer von Grund auf nachvollziehen können. Manche gehen aus tieferen Symmetrien hervor, andere erscheinen uns völlig arbiträr, obwohl inzwischen niemand mehr daran zweifelt, dass sie richtig erkannt wurden.

Ein Universum, das spontan aus dem Nichts entsteht und das bis heute einen Vakuumzustand darstellt, der dank rein zufälliger Mechanismen eine ungeheure Metamorphose durchlaufen hat – das ist eine Konzeption, über die Schdanow und seine Gefolgsleute nur die Augen gerollt hätten. Aber sie macht auch uns, die modernen Physiker, immer noch sprachlos.

Ein Kosmos, der vor allem aus Dunkler Energie und Dunkler Materie besteht, aus unfasslichen Bestandteilen, die den übergroßen Anteil der uns umgebenden materiellen Welt ausmachen, erstickt jede Anwandlung im Keim, sie mit einem plumpen Materialismus erklären zu wollen.

Am Anfang der ersten philosophisch-wissenschaftlichen Spekulationen stand gewiss das schmachvolle Urgefühl der Zerbrechlichkeit und Unzulänglichkeit, das die ersten Menschen überkam, wenn sie im Bewusstsein der eigenen Sterblichkeit und Schutzlosigkeit gegenüber allen Gefahren ehrfurchtsvoll die Sonne, den Mond, die Berge und den Sternenhimmel betrachteten.

Über Jahrtausende sah sich der Mensch als das schwächste Glied in einer Kette ewiger und unveränderlicher Naturabläufe, weshalb er diese denn auch zu Gottheiten erhob.

Aber aus dem Gefühl der Niederlage heraus schuf er die schönsten Dinge, die er je hervorgebracht hat: Kunst und Philosophie, Wissenschaft und Religion. Diese Empfindung war sein Antrieb, unsterbliche Werke zu erschaffen: die mit den Bergen rivalisierenden Pyramiden der Pharaonen oder die gewaltigen religiösen und philosophischen Gedankengebäude, die dazu bestimmt sind, die Jahrhunderte zu überdauern.

Wie wir heute entdecken, ist die Zerbrechlichkeit, die wir als große Schmach erlebten und die uns ständig Angst bereitete, charakteristisch für die gesamte materielle Welt. Die moderne Wissenschaft sagt uns, dass alle materiellen Formen, auch wenn ihnen eine gewisse Dauerhaftigkeit beschieden ist, diese Hinfälligkeit in sich tragen. Diesem Gesetz, dieser Art Ursünde kann sich nichts, keine noch so imposant erscheinende Struktur, entziehen. Von dauerhaften materiellen Formen in einem Universum zu reden, in dem sich derart gewaltige Umwandlungen vollziehen, ist schlichtweg lächerlich.

Nichts ist ewig und unveränderlich. Wir können fast ein Jahrhundert alt werden, Planeten und Sterne existieren Milliarden von Jahren, aber nichts entrinnt dem Schicksal der Vergänglichkeit, wenn auch innerhalb völlig verschiedener Zeitskalen.

Es ist, als kehre die moderne Wissenschaft mit dieser Erkenntnis zu ihren Anfängen vor Jahrtausenden zurück.

Aber im Augenblick ihres größten Triumphes darf nicht vergessen werden, dass die Wissenschaft feste Grenzen hat. Sie ist alles andere als allmächtig. Sie ist eines der raffiniertesten Erzeugnisse unserer Fähigkeit, ein Weltbild zu entwerfen. Und sie hat uns erstaunliche Ergebnisse beschert, insbesondere seit der Entwicklung der galileischen Methode, welche die Voraussetzungen schuf, um die entlegensten Winkel der Natur zu erkunden. Ihre gewaltige Leistungsfähigkeit steht außer Frage, sie ist die Geheimwaffe, die die Forschung in die Lage versetzte, sich mit rasanter Geschwindigkeit weiterzuentwickeln.

Aber Wissenschaft kann nicht alles. Die Methode, die so spektakuläre Ergebnisse erzielt hat, ist nicht auf alle Bereiche der Wirklichkeit anwendbar. So effizient sie die Mechanismen aufdeckt, die messbare und reproduzierbare materielle Abläufe steuern, so sehr kommt sie ins Straucheln oder versagt, wenn sie es mit Verhältnissen zu tun bekommt, die sich weder messen noch wiederholen lassen. Und dabei sind gerade sie kennzeichnend für unser tägliches Leben, ganz zu schweigen von dem, was sich in komplexen menschlichen Gemeinschafen abspielt. Denken wir nur an Gefühle wie Angst oder Liebe, an ethische Probleme oder ästhetische Fragen. Unsere Befindlichkeiten, das Gute und das Böse, das Schöne und das Hässliche, betreffen uns ernsthaft und sind so real wie ein fliegendes Flugzeug oder ein herabstürzender Stein. Aber zu diesen Bereichen kann die Naturwissenschaft nichts beitragen, eben weil eine menschliche Gemeinschaft aus denkenden, freien und interagierenden Individuen besteht und sich deswegen nicht als ein physikalisches System behandeln lässt.

Nichts von alledem ist wiederholbar und messbar. Wie ein Individuum reagiert, wenn es mit der Gemeinschaft in Austausch tritt, lässt sich in kein allgemeines Gesetz packen. Die Illusion, das Denken des Menschen mit den gleichen Instrumenten aufzuklären, die uns ein Verständnis der Funktion der Organe ermöglicht haben, hat sich längst in Luft aufgelöst. Heute argumentiert niemand mehr wie Pierre Georges Cabanis, der französische Arzt aus dem 18. Jahrhundert, der für seinen Denkspruch bekannt blieb: «Das Gehirn sondert Gedanken ab wie die Leber Galle.» Die Dinge sind weitaus komplizierter.

Dies gilt erst recht für juristische oder soziale Fragen wie die nach dem besten Zusammenleben Einzelner oder Gruppen in einer Gesellschaft oder für politische Fragen zu den Werten und Zielen einer Gemeinschaft. Wo ein einheitlicher Standard fehlt, wo wiederholbare Experimente nicht möglich sind, muss sich die Wissenschaft heraushalten. Zu ethischen oder ästhetischen Problemen, zur besten Organisation einer Gesellschaft oder zur Beurteilung eines Kunstwerks kann sie sich nicht äußern. Und das ist auch gut so. Man hüte sich davor, ihr eine Aufgabe zu übertragen, die sie nicht erfüllen kann.

Aber was ist Materie eigentlich?

Obwohl sich das moderne Konzept der Materie auf eine Welt beschränkt, die sich mit wiederholbaren Experimenten erforschen lässt, enthält es doch zahlreiche Fallstricke und Widersprüche. Die Materie ist bei weitem nicht so einfach zu fassen, wie einst geglaubt wurde. Wie wir heute nachweisen können, hat sich der weiter oben zitierte Laplace gewaltig getäuscht, als er die These eines deterministischen Universums vortrug.

Allein die Vorstellung, man könne zu einem bestimmten Zeitpunkt und mit unendlicher Genauigkeit den jeweiligen Zustand der einzelnen Teilchen in unserem Universum ermitteln, würde eine ganze Reihe physikalischer Prinzipien verletzen.

Eine zeitgleiche Messung an Systemen vorzunehmen, die Milliarden Lichtjahre auseinanderliegen, würde einen Verstoß gegen die Gesetze der Relativität bedeuten: Dies wäre allein dann möglich, wenn sich Signale mit unbegrenzter Geschwindigkeit übertragen ließen.

Und stellen wir uns nur kurz vor, wie komplex und groß die Messapparaturen sein müssten, um den Zustand jedes einzelnen materiellen Bestandteils des Universums zu ermitteln. Dazu müsste ein erheblicher Teil von dessen Materie zum Bau eines Messgeräts verwendet werden. Wer garantiert uns, dass dies keine Auswirkungen auf das Ergebnis hätte?

Dann müsste ein Hilfsmessgerät projektiert und realisiert werden, das den materiellen Zustand der einzelnen Komponenten des Hauptmessgeräts wie auch der Wissenschaftler überprüft, die die Daten auswerten, und schließlich ein drittes, das das zweite überprüft und so weiter, womit so etwas wie eine gewaltige fraktale Struktur entstünde.

Aber selbst wenn es möglich wäre, gewissermaßen zur selben Zeit einen Kollaps sämtlicher Wellenfunktionen herbeizuführen und die gesammelten Informationen sofort in einen Großrechner mit höchster Leistungsfähigkeit einzuspeisen, würde es uns wegen der Unschärferelation nicht gelingen, den Zustand jedes einzelnen materiellen Teilchens mit unendlicher Präzision zu bestimmen. Dazu müssten wir gegen die Grundlagen der Quantenmechanik verstoßen.

Selbst wenn wir durch ein seltsames Wunder den *momentanen* Quantenzustand sämtlicher Elementarteilchen des Universums mit unendlicher Genauigkeit messen könnten, würde uns dieses Ergebnis nicht sehr viel weiterbringen. Im nachfolgenden Verhalten der gemessenen Teilchen würden sich unweigerlich wieder die zufälligen Mechanismen bemerkbar machen, welche die Entwicklung der Materie auf mikroskopischer Skala kennzeichnen. Ohne Rücksicht darauf, dass wir sie für einen Augenblick ausspioniert haben und sie in einem festgelegten Zustand einfrieren ließen, würden sie ganz schnell wieder frei und sämtliche zulässigen Zustände einnehmen, ohne einer vorherbestimmten Abfolge zu gehorchen. Niemand könnte für die einzelnen aufeinanderfolgenden Augenblicke exakt vorhersehen, wie sich jedes einzelne Teilchen des Universums zeitlich entwickelt. Wir müssten uns einmal mehr mit Mittelwerten und Wahrscheinlichkeitsverteilungen begnügen, womit der gesamte Aufwand, der zum Nachweis von Laplaces Thesen betrieben wurde, vergebens gewesen wäre.

Ganz zu schweigen vom Geschehen in denjenigen Zonen, in die wir keinerlei Einblick haben. Möglicherweise gehorchen ganze Regionen des Universums, zum Beispiel die hinter dem Ereignishorizont der Schwarzen Löcher, bislang noch unbekannten physikalischen Gesetzen. Vielleicht taugt ja keine der logischen und mathematischen Methoden, mit denen wir die ruhigen Bereiche des Universums mit ihren stabilen und ausgeglichenen Verhältnissen beschreiben können, für ein Verständnis der Gesetze, die in den höchst turbulenten Regionen des Weltalls regieren. Niemand kann ausschließen, dass da, wo sich die gewaltigsten und katastrophalsten Phänomene des Kosmos abspielen, andere unantastbare physikalische Prinzipien gelten, die wir noch nicht kennen.

Kurzum, während die moderne Physik den Sieg des materialistischen Ansatzes zu feiern scheint, entwirft sie in Wahrheit eine Sichtweise von der Materie, die so ganz anders ist als das beruhigende Bild, das man ihr gerne zuschreibt.

Die Materie war für die Menschen in gewisser Hinsicht eine wunderbare Illusion. Als Gegenentwurf zur Welt der Ideen, *die weder sichtbar noch mit Händen zu greifen sind,* bot sie eine Art tröstliche Zuflucht. Der traditionelle Materialist sah in ihr etwas Stabiles und Beständiges, Unerschütterliches und Ewiges, das allem eine solide Grundlage gab. Selbst wenn die Materie wie alles Wandlungen durchläuft, gab der Gedanke, dass die unteilbaren und unzerstörbaren Atome oder Teilchen erklären können, wie sich sämtliche materielle Strukturen – von den winzigsten bis zu den gewaltigsten – zusammensetzen und verhalten, den Menschen über Jahrtausende einen sicheren Halt.

Das Bewusstsein, dass wir aus der gleichen Substanz wie die glänzenden Himmelskörper am Firmament bestehen, hat uns Trost gespendet und uns gegen Ängste gefeit. Sogar der Gedanke an den Tod wird erträglich, wenn er als eine Rückkehr in den Schoß der großen Mutter Erde betrachtet wird. Während unser Körper in Zersetzung übergeht und sich unsere Identität auflöst, leben seine materiellen Bestandteile weiter und gehen wieder in die Welt der unzerstörbaren und ewigen Materie ein.

Die Vorstellung, dass die elementarsten Bestandteile der Materie etwas Solides und Dauerhaftes seien, wurde von der gegenwärtigen Wissenschaft als Illusion entlarvt. Sie sind nicht nur unsichtbar und nicht mit Händen zu greifen, sie folgen auch Regeln, die ganz anders sind als die der makroskopischen Welt. Sie widersetzen sich allen unseren Versuchen, sie auch nur konzeptionell fasslich zu machen. Es sind ubiquitäre Wellen, die überall schwingen können, und zugleich Teilchen, die auf einen bestimmten Punkt festgelegt sind. Es sind wechselhafte materielle Zustände, die dem Anschein nach ständig zwischen verschiedenen Identitäten oszillieren, aber unter der Oberfläche durch tiefe Symmetrien vereint sind. Es sind Teilchen, die mit anderen, weit entfernten Teilchen durch eine extravagante Beziehung verbunden sind, der offenbar keine noch so große räumliche Trennung etwas anhaben kann. Es sind materielle Zustände, die in wahnwitzigem Tempo aus dem Vakuum entstehen und wieder verschwinden oder mit allem um sich herum wechselwirken, auch mit materiellen Formen in weitester Ferne.

Und als genügte all dies noch nicht, hängen viele ihrer Eigenschaften, zum Beispiel die Masse, von empfindlichen Mechanismen ab, die im Nu aus der Balance geraten und so Katastrophen von unvorstellbarem Ausmaß auslösen könnten.

Kurzum, alles, aber wirklich alles ist nichts anderes als eine Form von Vakuum. Was wir uns als eine feste materielle Grundlage vorgestellt hatten, die sich den schwammigen idealistischen Anschauungen entgegensetzen ließ, erweist sich als ebenso unfasslich und flüchtig wie ein philosophisches Konzept.

Unsere materielle Welt besteht aus Vakuum. Die Schlussfolgerung, zu der die Wissenschaft gelangt ist, wirkt fast schon wie ein Hohn. Die Suche nach etwas Solidem und Materiellem, auf das sich die Erklärung für alles hätte stützen lassen sollen, endete mit der Entdeckung, dass diese beruhigende Konsistenz in der gesamten materiellen Welt, nicht nur in der unseren, sondern auch in der der eindrucksvollsten kosmischen Strukturen, nirgendwo zu finden ist.

Und wenn uns die Teilchen noch nicht alle Geheimnisse verraten hätten?

Noch komplizierter wird es, wenn man die Welt der Teilchen von Nahem betrachtet. Allzu vieles passt nicht. Der Verdacht, dass die Quarks und Leptonen noch Geheimnisse bergen, schwärt unter uns Wissenschaftlern schon lange. Einige grundlegende Fragen wurden bereits gestellt, zum Beispiel: Ist die Einteilung der Teilchen in Materie bildende Fermionen und Kräfte tragende Bosonen wirklich begründet? Und es gibt zahlreiche weitere, deren Antworten womöglich für große Überraschungen sorgen.

Warum unterteilen sich die Quarks und Leptonen in jeweils drei Familien und nicht in vier oder fünf? Sind die Teilchen des Standardmodells wirklich elementar, oder haben auch sie eine innere Struktur, die wir nur noch nicht sehen? Wir wissen nicht, was Neutrinos ihre Masse gibt, weil sie für die vermutete Wechselwirkung mit dem Higgs-Boson zu leicht sind. Welcher andere Mechanismus hat bei ihnen gegriffen und wann?

Und was ist zu den Wechselwirkungen zu sagen, zunächst zur Gravitation? Warum ist sie so schwach? Wie verhält sie sich über die allerkleinsten Entfernungen? Wir wissen nicht, in welche Form sie die Materie zwingt, wenn sie sie zu einem Schwarzen Loch komprimiert. Und noch dazu: Sind die fundamentalen Wechselwirkungen, von denen wir Kenntnis haben, die einzigen Kräfte des Universums, oder wirken im Verborgenen weitere?

Und was die Grundkonstanten der Natur wie die Lichtgeschwindigkeit oder die Planck-Konstante angeht, so haben wir überhaupt keine Ahnung, woher sie stammen. Gibt es eine Theorie, aus der sie sich herleiten ließen? Sind sie wirklich konstant, oder verändern sie sich doch mit der Zeit? Hat die Raumzeit eine mikroskopische Struktur? Gibt es Raum- oder Zeitkörnchen, aus denen sich ihr zartes Gewebe zusammensetzt? Gibt es drei räumliche Dimensionen, oder existieren unerkannt weitere?

Die Liste der offenen Fragen ließe sich verlängern. Sicher ist nur, dass sich die meisten allein mit neuen experimentellen Daten beantworten lassen.

Früher oder später wird es an einem Teilchenbeschleuniger oder in einem astrophysischen Labor geschehen, dass eine junge Wissenschaftlerin oder ein Wissenschaftler in einer Forschungsgruppe Daten auswertet und dabei auf etwas völlig Unerwartetes stößt, das vielleicht zur Beantwortung einer unserer Fragen führt. Ein solches Ereignis könnte unsere Sichtweise von der Materie und vom Universum einmal mehr radikal verändern.

Das ist das Schöne an unserer Arbeit: Wir sind uns sicher, dass sich so etwas früher oder später ereignet, auch wenn wir nicht wissen, wann. Vielleicht schon morgen oder erst in fünfzig Jahren, wenn sich eine neue Generation brillanter junger Geister den Herausforderungen der modernen Forschung stellt. Ihnen ist dieses Buch gewidmet.

Epilog

Biella, 23. November 2021

Nach einer anstrengenden Autofahrt bin ich endlich in Biella. Ich bin schon in aller Frühe losgefahren, weil das Treffen um 11 Uhr stattfinden soll. Und meine Verabredung verdanke ich mehreren zufälligen Umständen.

Alles hat im vergangenen Sommer begonnen. Im August bekam ich eine Einladung, um auf der Arte Sella einen Vortrag über Wissenschaft zu halten. Für diese Veranstaltung zur zeitgenössischen Kunst wird ein wildes Tal bei Borgo Valsugana in der norditalienischen Provinz Trient in ein riesiges Freilichtmuseum verwandelt. Hier lernte ich Emanuele Montibeller, den geistigen Vater der Ausstellung, kennen. Nach meinem Vortrag begleitete er mich auf dem langen Rundgang, der durch die Natur zu den Kunstwerken führt. Er hat diese Begegnung organisiert.

Biella, eine Stadt der Wolle, hat eine stolze tausendjährige Geschichte. In dieser Hauptstadt der Textilindustrie wird noch heute knapp die Hälfte der hochwertigen Stoffe hergestellt, die weltweit auf den Markt kommen. Von ihrer langen Tradition zeugen Dutzende von Wollspinnereien aus dem 19. Jahrhundert. Einige wurden zu modernen Fabriken ausgebaut, andere haben den Betrieb eingestellt.

In einer davon hat die Stiftung Pistoletto die *Cittadellarte* aufgebaut, fast schon eine Kleinstadt, die die Künste fördern und Zukunftsentwürfe für die Gesellschaft liefern soll. Zu ihr bin ich jetzt unterwegs.

Als mich Emanuele vor einigen Wochen anrief und mir mitteilte, dass sich Michelangelo Pistoletto über ein Gespräch mit mir sehr freuen würde, konnte ich es kaum fassen. Ich habe, ohne nachzudenken, sofort zugesagt.

Nicht nur, weil ich ihn grenzenlos bewundere. Pistoletto ist einer der größten lebenden Künstler. Er gilt weltweit als der authentischste Vertreter der Arte Povera, der «Armen Kunst». Seine Arbeiten sind in den bedeutendsten Museen zu sehen. Seine *Venere degli stracci* («Venus der Lumpen»), seine Collagen auf spiegelnden Hintergründen und sein Projekt *Terzo Paradiso* («Drittes Paradies») zählen zu den bekanntesten Kunstwerken und haben die kollektive Vorstellungswelt geprägt. Dass ich so begeistert zugesagt habe, hatte allerdings einen weiteren, sehr persönlichen und tieferen Grund. Es war, als müsste ich erst Pistoletto begegnen, damit sich ein Kreis schließt.

Und so ist es auch: Bevor ich auf das Thema Physik zu sprechen komme, das ihm am Herzen liegt, zeigt mir Pistoletto seine frühesten Werke, die so ganz anders sind als seine berühmten.

Pistoletto reagiert verblüfft, als ich mich eingehend nach den Techniken erkundige, die er damals eingesetzt hat. Seine Augen verraten Überraschung, dass ich Fachbegriffe gebrauche und die Oberfläche seiner Werke berühren und sie mir aus allernächster Nähe anschauen will, um mir alle ihre Einzelheiten einzuprägen. Als er nach dem Grund für meine Neugierde fragt und wissen will, wieso ich mich so gut mit Spateln, Schabeisen, Acrylhintergründen, Polyurethanschäumen und allem anderen auskenne, erzähle ich ihm von meinem Vater: von Giuliano, dem Sohn des Schneiders Guido.

Giuliano war Eisenbahner von Beruf, aber so kunstbegeistert, dass er Mitte der Fünfzigerjahre mit Geld, das er aus unserer knappen Haushaltskasse abzweigte, in La Spezia bei Lehrern der Künstlergruppe *Corrente* Unterricht im Zeichen und Malen nahm. Dieser junge Bahnhofsvorsteher, der eine große Familie zu ernähren hatte, entwickelte eine glühende Leidenschaft, gründete eine Künstlergewerkschaft und trat der Bewegung *Informale* bei. Dank seiner

Schule erkenne ich Maler an ihrem Stil und verstehe ihre Technik. Seine Lehrmethode war höchst effizient. Wenn ich ihm als Junge erzählte, dass sich irgendwo ein Gemälde von Morlotti oder Schifano gesehen hätte, das mir gefallen habe, führte er mich in sein kleines Atelier und ließ mich mit der Hand die Geheimnisse ihrer Techniken erkunden. In wenigen Stunden entstanden vor meinen Augen zwei kleine Gemälde, bei denen selbst erfahrenste Kritiker nicht auf Anhieb hätten sagen können, ob es Imitate sind. Alle seine Bemühungen, mir die Malweisen beizubringen, die er so meisterhaft beherrschte, erwiesen sich als vergebens. Aber er hat mir eine Liebe zur Kunst und zur Schönheit vermittelt, die mich nie verlassen hat.

Als ich Pistoletto dies alles erzähle, tritt ein Glanz in seine Augen. «Mein Vater war auch Maler. Von ihm habe ich diese Leidenschaft geerbt.» In dem Augenblick verstehe ich, was mich hergeführt hat: Ich wollte an einen Faden anknüpfen, der mit dem unerwarteten Tod meines Vaters 2011 abgerissen ist. Damals hatten unsere Diskussionen über Kunst abrupt geendet, die häufig die kleinen Bilder angestoßen hatten, die er im Alter von über achtzig Jahren immer noch malte. In Michelangelo Pistoletto fand ich diese glühende Leidenschaft wieder: Es ist ein wenig so, als hätte ich meinen Vater wiedergefunden.

Pistoletto interessiert vor allem, was die heutige Wissenschaft über den Ursprung des Universums sagt. «Wir verstehen niemals, wer wir eigentlich sind, wenn wir den Ursprung des Ganzen nicht begreifen.» Dieser starke Berührungspunkt zwischen dem Wissenschaftler und dem Künstler bringt die Diskussion in Gang. Ich gehe sie vorsichtig an. Ich befürchte, ich könnte mit unbedachten Äußerungen die Empfindsamkeit des Künstlers verletzen oder den Sinn seiner Suche missverstehen.

Wir tasten uns also langsam an den Kern des Problems heran. Dann wird mir klar, dass Pistoletto in Wirklichkeit will, dass ich ihm das, was die moderne Wissenschaft zum Ursprung der Materie sagt, kompromisslos und ganz offen erkläre. Dazu hat er mich hergebeten. Ich würde seine Erwartungen enttäuschen, wenn ich aus

Höflichkeit oder Respekt darüber hinweggehen würde, dass irgendein Teilaspekt in seinen Arbeiten den neuesten Erkenntnissen der gegenwärtigen Physik widerspricht. Also breche ich mein Schweigen.

Wir reden lange im Universario, dem Museumsbereich, der wie eine Art Forschungszentrum eingerichtet ist. Das Symbol des *Terzo Paradiso* prangt auf einer großen Tafel am Eingang. In den beiden äußeren Kreisen, die die Verbindung zwischen Mikro- und Makrokosmos symbolisieren, steht das Wort *infinito* für «unendlich», während im inneren Kreis der Ausdruck *spazio-tempo* («Raumzeit») das Universum bezeichnet. Ich weise Pistoletto darauf hin, dass etwas Wichtiges fehlt. Das Universum besteht nämlich aus zwei materiellen Komponenten: aus Raumzeit und aus Masseenergie. Beide müssen genannt werden, denn sie sind entscheidend für ein Verständnis seiner Entstehung. Dann reden wir stundenlang darüber, wie es möglich war, dass Raumzeit und Masseenergie spontan aus dem Vakuum entstanden sind und ein Universum voller Wunder hervorgebracht haben.

Einige Monate nach der ersten Begegnung sahen wir uns in Biella wieder. Pistoletto ging mit mir sofort zum Universario. Wie mir gleich auffiel, hatte sich etwas verändert: In der Schöpfungsformel ging das Universum jetzt aus einer Kombination aus Raumzeit und Masseenergie hervor. Ich war unwillkürlich ergriffen, als ich das kraftvolle Zeichen sah, das alles auf den Punkt brachte, was wir heute über die Entstehung des Universums wissen. Unser Gespräch hatte einen der bedeutendsten Künstler unserer Zeit bewogen, sein Werk zu verändern. Diese Demut hat mich sehr berührt.

In diesem Moment dachte ich an meinen Vater Giuliano. Wie glücklich wäre der Sohn des Schneiders gewesen, wenn er bei uns hätte sein können.

Danksagung

Ich danke meinem lieben Freund Antonello Mattone, einem großen Historiker, durch den ich am filmreifen Leben Poggio Bracciolinis anschaulich teilhaben durfte. Er hat die Ereignisse so eindringlich geschildert, wie es sonst nur ein Augenzeuge vermag.

Nennen muss ich vor allem Emanuele Montibeller, der mir das Geschenk gemacht hat, mich in Kontakt mit Michelangelo Pistoletto zu bringen. Dafür bin ich ihm unendlich dankbar und für unsere vielen Plaudereien über die Kunst und das Leben.

Ich erachte es als ein besonderes Privileg, dass ich in dieser Zeit den Maestro Pistoletto und die liebliche Maria besuchen durfte. Unsere langen Gespräche haben für zahlreiche Teile dieses Buchs Anregungen geliefert.

Ein besonderer Dank geht an Quirino Principe. Er hat mich mit Aspekten der Musikwelt bekannt gemacht, von denen ich bislang nichts geahnt hatte.

Gewaltigen Dank schulde ich schließlich Luciana, der unverzichtbaren Begleiterin meines Lebens: Sie hat das gesamte Manuskript gegengelesen, kritisiert und mich immer wieder dazu angespornt, mich klarer und prägnanter auszudrücken. Ohne sie wäre dieses Buch nie entstanden. Mehr noch, mein ganzes Leben wäre grauer und bedeutungsloser verlaufen.

Physik im Verlag C.H.Beck

Physik im Verlag C.H.Beck

Ernst Peter Fischer
Die Stunde der Physiker
Einstein, Bohr, Heisenberg und das Innerste der Welt
2. Auflage. 2022. 288 Seiten mit 29 Abbildungen.
Gebunden

Gert-Ludwig Ingold
Quantentheorie
Grundlagen der modernen Physik
6., aktualisierte Auflage. 2025.
128 Seiten mit 29 Abbildungen.
Broschur

Frank Verstraete/Céline Broeckaert
Warum niemand die Quantentheorie versteht
Aber jeder etwas darüber wissen sollte
Aus dem Niederländischen von Bärbel Jänicke
2025. 351 Seiten mit zahlreichen Grafiken und Zeichnungen.
Gebunden